All the Time in The World

限られた時間を超える方法

リサ・ブローデリック＝著
尼丁千津子＝訳

かんき出版

All the Time in The World
by
Lisa Broderick

Published by agreement with Folio Literary Management, LLC
and Tuttle-Mori Agency, Inc., Tokyo

推薦の言葉

「物理学の最新研究のもと、意識の領域と物質界を結ぶ橋をつくりあげた画期的な一冊」

――**ブルース・H・リプトン博士**

NYTベストセラー著者、スタンフォード大学医学部卓越名誉研究員

「自分でつくりだした時間のなかで、自分と向き合う方法を学ぶためのものだ」

――**ロジャー・ネルソン博士**

プリンストン大学プリンストン変則工学研究所《PEAR》　名誉教授兼研究調整員

「夢、直感、あるいは人生そのものの意味を考えたことがある人にとって必読の書」

――**スコット・ガーソン医学博士**

ニューヨーク医科大学臨床学准教授

「私たちの真の姿とは何か、素晴らしい人生をつくりだせる私たちの無限の可能性とは何かについて広範囲にわたって深く探究した、まさにお勧めの一冊だ」

——**ジャック・キャンフィールド**

NYTベストセラー『こころのチキンスープ』著者

「意識と科学が見事に織り交ぜられていて、読者がこれまで疑問に思ってきたことについて考えるよう促してくれる」

——**オリ・Z・ソルテス博士**

ジョージタウン大学神学教授兼美術学教授

「これはまさに『意識の取り扱い説明書』というべき名著だ」

——**マーシャ・ヴィーダー**

著名な講演者兼作家で「ドリーム・ユニバーシティ」CEO

「本書は意識を変えるための指南書だ。この世界にある多くの貴重なツールと同様に、未来のリーダーに大きな恩恵をもたらしてくれるだろう」

――マーシャル・ゴールドスミス博士

ＮＹＴベストセラー著者

「リサは世界中の精神世界の英知と、より新しい量子物理学の世界観への深い理解を融合させるという偉業を見事に達成した。素晴らしい本だ！」

――ヘンリー・グレーソン博士

国立心理療法研究所設立に携わった心理学の専門家

「時間と空間、代替現実の相互作用について、驚くべき見解を示してくれた」

――ジョージ・M・ホワイト博士

カーネギーメロン大学起業家精神学教授
スタンフォード大学卓越名誉研究員

はじめに――時間を思いのままに操る方法

十分に発展したテクノロジーは、もはや魔法と同じだ。

――アーサー・C・クラーク

この本の目的は、時間の仕組みについての最新の考察をわかりやすく説明し、「時間を思いのままに操る方法」を読者のみなさんに身につけてもらうことにある。

本書の内容はSF（サイエンス・フィクション）ではなく、本物の科学だ。

時間がゴムひものように「伸縮自在」であることは、はるか昔にアインシュタインによって証明されている。私たちはみな、普段はほぼ「無意識に」時間の歩みを緩めたり速めたりしているのだ。

では、「意識的に」時間の流れを遅くできるとしたら？　もし、あなた自身が時間の歩みを緩めたり、時間が流れる方向を変えたりできるとしたらどうだろう？

私たちは、これまで教えられてきた基礎科学の知識によって、「時間は常に前に進みつづけるもの」だと思い込んでいる。

そして人生の歩みについては、「自分にはどうすることもできない出来事に次々に翻弄されながら、現実を一方向に進みつづけるもの」とみなしている。

だが、時間の捉え方はほかにもある。

時間や現実は感覚にすぎない

それは、時間を科学的に説明するための根拠となる、因果性の物理法則に逆らうものだ。

専門的には「量子論」と呼ばれている。

量子力学の原理に則《のっと》れば、私たちは人間がつくりあげてきた時間の概念を別の見方で捉えることができて、時間による制約をそれまでよりもずっと少なく感じられるようになる。

そして自身の人生の手綱を握って、ほぼどんなことも実現できる。

そう、どんなことにも縛られない人生を送れるのだ。

したがって本書のテーマは、「時間」であると同時に、時間についての科学的発見を通じて明らかになった「現実の本質」を探ることでもある。

「思考はどこから来るのか？」「実体があるものかどうかを確かめるには、どうすればよいのか？」という問いかけを突きつめると、時間や現実は感覚にすぎないことに気づく。私たちは、時計の文字盤は実在するものを示しているとみなしているが、実際はそうではない。

では、なぜそうしたふりを続けているのかというと、人間がつくりだした時間の概念をひとたび崩せば、現実をかたちづくっているすべて、すなわち「物質、世界、宇宙」といったものがほどけてばらばらになってしまうからだ。

つまり、時間は実体あるものだという思い込みを捨て去りさえすれば、私たちはいつ何どきでも「過去や未来」に触れられる。この精神状態は特定の脳波が関与しているものであり、「ゾーンに入る」「フロー」「ザ・ナウ」などと呼ばれてきた。

私自身はそれを「**超越した感覚**」と呼んでいる。

この状態に入ると、どこへでも思いのままに「時間旅行」ができるようになる。

たとえば、「過去を書き換える」こともできれば、「未来に影響を与える」こともできる。あるいは、「現在をどのように生きるか」も決められる。

ある意味で、「自己を変革する」ために最も重要なのは、時間だ。

つまり、時間を思いのままに操れれば、自分自身を思いのままに変えられるのだ。

時間の科学への理解を深めれば、あなたもその境地に到達できる。

時間にまつわる科学的根拠を知れば、時間とのかかわりは物理的なものであり、感覚的なものでもあることがわかるようになる。

時間の「物理的領域」は、「アインシュタイン、重力、相対性理論の科学」にもとづいている。一方、時間の「感覚的な領域」は、量子物理学の原理で最もうまく説明できる。

これが時間の仕組みについての独自の考察であり、私が「時間に関する万物の理論」と呼ぶものだ。

時間とのかかわり方を変える

日々の暮らしをつつがなく送るなかでも、そんな「物理的現実」と「自身の感覚」が食い違うときがある。

「えっ、いまのは何かの見間違い？」と思わず二度見してしまう、とうてい説明できない奇妙な偶然のような出来事を、誰しも経験したことがあるはずだ。

人間の感覚は物理的な現実と同じくらい重要な意味を持っていることが、近年の発見によってわかってきている。自分が操れる領域、つまり感覚を変化させることによって、あなたも自身の「時間とのかかわり方」を変えられるのだ。

体験したかったことがすでに終わったあとだったり、起きてほしいと願っていることがまだ実現していないときに、一方向に流れつづける時間から自由になって、思考を別の時間に移せるようになれる自分を想像してみよう。

「時間の流れを緩やかにして、過去に後戻りさせる」といった、本書で紹介している手法を実践できるようになれば、感覚を通じて時間旅行をする能力を身につけられる。

これらの手法はあなたの精神にエネルギーを送り、脳を刺激して新たなアイデアや解決策を生み出し、「ひらめき、直感、洞察、革新の力」が絶え間なく湧き出る源となる。

すると、あなたの物理的な「現実と感覚」は滑らかに溶け合って一体化し、その新たな現実のなかで、あなたは自身の時間とのかかわり方を変えられる。

そうして、あなたは自分がやるべきことをこなせる能力を手に入れられるのだ。

数年前に亡くなった私の母は、経済学にも、臨床心理学にも造詣が深かった。

私は母に、「人はなぜ自己啓発本を読むのかしら」と尋ねたことがある。母の答えは、

「私たちはみな、自分に起きたことの理由を知りたいと思うから」だった。

その答えは、まさに本質を突いていると感心させられた。

私はのちに、人は（過去において）自身に起きたことの理由を知りたいと思うのみならず、（将来において）自分の望みを達成するために、自身に起きることを自らの手で変えたいとも思っていることに、気づいた。

つまり、時間とのかかわり方を変化させられる能力は、自分が望む現実を手に入れるためにも、きわめて重要な鍵となる。


第1章で詳しく触れるが、私は幼いときの事故以来、時間と空間の感覚がまったく変わってしまい、一方向に進む時間の概念にとらわれずに物事を見る能力を身につけた。

それはまるで、目の前のカーテンが開いて、自分の「思考、感情、想像」といった繊細なものによってつくりだされた世界を、目の当たりにするようなことだった。

そして感覚や直感がよりいっそう鋭くなり、ますます多くのものを捉えられるようになった。こうした能力を持つ人は、かつては「神秘家」と呼ばれていた。

だが、この能力はもはや限られた人たちだけのものではない。

私が経験してきたようなことを、誰もが体験できるようになる。

私のように運よく真実に巡り合える機会を、読者のみなさんにも手に入れてほしいという思いから、私はこの本を書いた。

果たして、あなたは次のどちらを選ぶだろう？

・ここまでの話をすべて無視して、何事もなかったかのように、いまの暮らしを続けていく

・本書にちりばめられたアドバイスを参考にして、「新たな手法」「新たな感覚」「新たな生き方」を手に入れる。

時間とのかかわり方を変えるのは、理論的にも現実的にも可能なことであり、私の人生はそんな経験に満ちている。

しかも、そうした経験をしている人はほかにもたくさんいて、本書では彼らの実体験にもとづいた事例も取り上げている。

あなたも、同じような経験ができるようになるかもしれない。

時間が指のあいだから砂のようにこぼれ落ちていくように思え、しかもそれをどうすることもできないという気がしているのなら、本書を読み進めてほしい。

そうすれば、「時間は自分の敵」という思い込みから解放されるはずだ。

それどころか、この本のなかで紹介する数多くの事例の当事者と同じように、時間を味方につけて、あなた自身が望む現実を自信を持って築けるようになる。

そのための時間はたっぷりある。

限られた時間を超える方法
・
CONTENTS

第3章 時間の「感覚的領域」を知る

第4章 目に見えないものが「驚くべき光景」をつくりだす

第5章 「超越した感覚」における脳波

PART 2・時間を操る手法を極める

第17章 時間の超越に向けて試してほしいこと

翻訳協力／株式会社リベル
本文デザイン・ＤＴＰ／松好那名（matt's work）

Update Your Construct of Time

PART 1

時間の概念を見直す

第1章

私たちは時間をどう捉えているか

——時間の概念

昨今の状況をざっと振り返ってみよう。2020年の新型コロナウイルス感染症パンデミック以前は、多くの人が生活のペースについていけないと感じていた。私はそうした人々に友人としてアドバイスしつつ、なぜそう思うのか原因を探ってみた。そして、大半の人が同じ根本的な問題を抱えていることに気づいた。「やらなければならないことをこなすための時間が足りない」という問題だ。

たしかにそうかもしれない。私たちはまわりのあらゆる機器からの情報の洪水によって、世の中の動きにはとうていついていけないという気にさせられている。

ほとんどの情報は取るに足りないニュースや広告宣伝ではあるが、そのなかのどれが本当なのかを見分ける手立てすら誰も知らず、ましてやどの情報にもとづいて行動すべきかもわからない。そのうえ、銃乱射事件や記録的な自然災害のニュースが、毎週のように飛び込んでくる。しかも物理学や医学、文化のみならず、ほぼすべての分野でパラダイムシフトが起きているのだ。

そんななか、パンデミックが起きた。

その結果、「ステイホーム」を命じられた人々は、ほんの数カ月前には生活の慌ただしさに圧倒されていたにもかかわらず、買い物や人づきあい、通勤・通学、自由な移動といった日常生活すら送れなくなってしまった。

パンデミック発生直後からの数カ月間、私は、時間の感覚が以前と変化したかどうかについて、多くの人に頻繁に尋ねてまわった。

するとほぼすべての人が、次のように「変わった」と答えた。

まず、「パンデミックの前は、時間はものすごい速さで過ぎていくように思えた。ところがいまでは時間があまりにゆっくり流れるので、毎日、１日が１週間のような気がする」と感じている人がいる。

一方で、「時間の経過があいまいになって、数カ月間の出来事が長い１日のなかで起きたように感じられる」と言う人もいた。さらに、どちらもそうだと思う人もいた。

つまり、1日が1週間のような気がすると同時に、数週間が数日のことのようにも感じられるというのだ。

人々は、これほど長く家で過ごせることを（当初は）おおむねありがたいと思いながらも、次のような疑問を抱きつつとまどっていた。

時間がこんなにも奇妙な振る舞いをするように感じられるのは、なぜなのだろうか？

その問いに、私はこう答えた。

「時間は、あなたが思っているものとは違うのです」

「あまりにも足りない」であろうと、「ゆっくりすぎる」であろうと、時間はいまなお、私たち全員に共通する問題だ。よくいわれるのは、「時間は、この世で唯一の、再生できない資源である」ということだ。そう、過ぎ去った時間を戻すことは決してできず、しかもその事実を変えることなど誰にもできない。

だが、本当にそうなのだろうか？

時間の感覚は変化する

私自身の時間の感覚は、4~5歳のころに劇的に変化した。大きなガラス窓を突き破って、死にかけるという経験をしたときのことだ。

北アリゾナのロッジで、一家そろって休暇を過ごしていたときのこと。私と妹はベッドからベッドに飛び移っては戻るという遊びをしていた。そして何度目かのとき、私はベッドの縁ぎりぎりのところに足をついてしまった。

すると足元からベッドが床を滑っていき、その反動で私の体は窓に叩きつけられた。母の記憶のなかの私はそのとき、スローモーションで宙を飛んでいたという。頭から窓に突っ込んでガラスを割り、上半身が窓の外側、下半身が内側にある状態で窓枠にひっかかった。下側のガラスの破片が体に刺さったままだ。

最寄りの医療施設は何キロも先の地方病院だったが、そこに運ばれる前に母はたまたま事故の現場に居合わせた医師から、「お嬢さんはおそらく助からないだろう」と言われたそうだ。私自身はその会話を覚えていないが、そのときは意識を失っていたにもかかわらず、ほかのことはいまでもほとんど思い出せる。

ガラスが割れた窓枠に体が乗っかっていたこと、それにステーションワゴンのバックドアから乗せられたことも覚えている。さらに、病院へ向かって田舎道を車で走り抜けた道中も。いちばんはっきり覚えているのは、手術を受けている最中の部屋の様子だ。

私は、自分の体があるはずの場所を上からのぞき込んでいたのだ。

自分の体や実際の手術についてはっきりした記憶はないが、医療品が保管されているであろう金属製キャビネットの先にある窓から、外を眺めたことを覚えている。

そのうえフェニックスの自宅に戻ってから何カ月ものあいだ、脇の下から腰にまでギプスがはめられていたこともしっかりと覚えている。


私はやがて回復してふたたび元気いっぱいの女の子に戻ったが、それ以来、私の世界に対する見方はすっかり変わってしまった。

周囲にあるものすべてが生きていて意識を持ち、私と結びついているのではないかと思うようになったのだ。それだけでなく私は、アスリートたちが「時間の流れが遅くなる超越体験」と形容する、いわゆる「ゾーンに入る」ということを何度も経験していた。

たとえばボウリングやランニングといった運動中に、時間がゆっくりと流れるようになり、いつもの自分ならとうていできないような驚くべき結果を出していた。

そして次第に、自分には「時計の針の進みを遅くできる」強大な力が備わっているのではないかと、思うようになったのだ。

今日では、「ゾーンに入る」ことが自身の能力を最大限に発揮して、最高の結果を出すための鍵であると一般的に認識されているが、私は当時のそうした経験から、子どものころの自分は普通の子どもより優れていると感じていた。

そして、その感覚は正しかったのだ。

8歳のころに兄とボウリングをしていたときのことを、いまでも覚えている。クラブに入っていた私たちはしょっちゅうプレイしていたが、私は決してうまくはなかった。

だがある晩、ほぼパーフェクトゲームを達成した。それはもはや驚きを超えていた。たとえどんなにいい加減な投げ方をしても、私が投げたボールはどれもストライクになるかのようだった。あのとき、わざと失敗できるかどうかを見るために、ほかのレーンのピンを狙って投げたらどうなるだろうかと、考えたのを覚えている。

さらにストライクに次ぐストライクのあと、最後の数回がスペアになったとき、ストライクが当たり前だと思っていた私は、激しい怒りがわくほどショックを受けた。

これらはすべて、時間を超えるという「明らかな超越体験」の最中に起きたことだ。

自分に「時間の流れを簡単に遅くできる力がある」と気づいた私は、その能力を発揮することで、通常の徒歩や車での移動では考えられないほど、早く目的地に着けることもあった。

何年も前の話になるが、当時高校生だった私は、大学進学に必要な大学進学適性試験（SAT）を受ける予定だった。

ところが当日の朝にばたばたして、家を出たのは試験開始のわずか30分前。試験会場までは、山道を50キロ近く運転しなければならない。それまでの経験からわずか30分では、教室の扉が閉められてしまうまでに間に合うはずがなかった。

それでも私は、遅刻を心配するよりも、時間どおりに机に向かう自分の姿を想像することに集中しようとした。そして車に乗り込むと、私が望む時刻を指す壁掛け時計を横目に教室へ入っていく自分の姿を、映画の一場面を見ているかのように思い浮かべた。

結果、私は試験にちょうど間に合う時間に教室に入り、席に着くことができたのだ。

こうした経験を家族や友人に話すと、「変わり者」だとか「おかしくなった」と思われそうで不安だったので、まわりに語ることはなかった。

もっと小さいときには、「空を飛んでいた気がする」や「時間が止まったように感じる」といった奇跡のような体験を話したこともあった。

だが周囲の大人たちは、それはある種の「魔法的思考」であり、小さい子はそんなふうに非論理的に考えることが多いのだと言った。それに、記憶というのは疑わしいものだ。

人の記憶は当然ながら時間とともに変化したり、少しずつずれていったり、歪められたりするため、実際に何が起きたかを正確に知る手立てはない。

それでも、時間にまつわる自分の経験が、どうやらまわりの人のものとは違うらしいと気づいた私は、それがなぜだか知りたいと思うようになった。

そうして、古い文献や秘教学校、秘伝の精神修行などを通じて何十年もかけて調べた結果、記憶のなかの自分の経験は新たなものでもなければ、めずらしいものでもないことがわかった。

私が思いがけず身につけた力は、何千年にもわたって実践者たちに脈々と受け継がれてきた、古代東洋での精神世界の教えとまさに同じだったのだ。

だが、西洋世界の住人である私は、こうした経験が本当に可能かどうかを科学とデータにもとづいて検証したかった。そうして、一連の探究で最終的に現代科学に辿り着き、物理学の理論のおかげで、自分の長年の経験について納得することができた。

私が科学から得た知見は、「時間とは物理的であると同時に感覚的なものでもあり、それゆえゴムひものように伸縮するように感じられるときもある」ということだ。

つまりあなたも、時間にまつわる経験の一部を司っている。

時間を操る能力を向上させるための秘訣は、先にも述べた「超越した感覚」の精度を高めることにある。この「超越した感覚」とは、より高い次元で覚醒した状態であり、「スポーツをしている」「重大な危機に直面している」といったさまざまな場面で起こりうる。あるいは、本書で紹介する手法によって意図的に生じさせることもできる。

この状態に入ると、「集中力が大いに高まる」「達成感が満たされる」「自己意識が薄れて自己超越の次元に到達する」と感じる人もいる。

また、時間の感覚がいつもと違うという特別な経験をすることになり、大抵の場合、時間の流れが遅くなるか完全に止まっているように感じられる。

この状態を自らの手でつくりだす方法がわかれば、あなたもいよいよ時間を超越できるようになる。あるいは、あなたも何らかの「超越した感覚」によってもたらされた、時間にまつわる不思議な経験をすでにしているかもしれない。

だいぶ前の話だが、友人のビルがカリフォルニア州の混雑した幹線道路を、時速130キロ近くで運転していたときの体験談を語ってくれたことがある。

当時、左側の車線にはビルと同じ速度で運転している女性の車が走っていた。そのとき、彼の前を走るトラックの荷台から落下した大きなタイヤが道路で3回跳ねたのちに女性の車のフロントガラスを突き破り、彼女は死亡した。

ビルには、一部始終がまるでスローモーションのように見えた。それと同時に、「やるべきことをこなすための時間はたっぷりある」と感じていたという。

女性の車が徐々に操縦不能になってスピンしはじめるなか、ビルは自分の車を路肩に寄せて衝突を免れた。ビルは瞬時に命を奪われかねない事態に陥ったことで、時間の流れを急激に遅くする能力を発揮して、自分の命を救ったのだ。

あなたも同じような危険な目に遭ったとき、または「浜辺で打ち寄せる波を眺めていた」「生まれたばかりの我が子を抱っこした」といった素晴らしい思い出に浸っていたとき、あるいは仕事に没頭していたときに、時間が止まったように感じたことがあったのではないだろうか。

もしそうなら、どのような「超越した感覚」状態になったとしても、時間を超越したような気がしたはずだ。

ところで、「時間を超越する」とはどういうことだろうか？

そこに到達した状態を表すときによくいわれるのは、「集中力が大いに高まっている」「気分が高揚して前向きになる」「達成感が満たされている」「自己意識が薄れている」「自己を超越したと感じられる」だ。

この経験は「ゾーンに入る」「フロー」「ザ・ナウ」「いまこの瞬間に存在している」などと呼ばれることが多い。あるいは単に「いまを生きる」ともいわれている。

通常、これらの経験は思いがけないものであり、臨死体験（私の経験）、極度の危険状態（ビルの経験）、究極の愛（例：霊的啓示を受けた、生まれたばかりの我が子を抱っこした）、極度の集中（例：バスケットコートでの試合中）といった特定の状況がきっかけとなることが多い。

だが本書では、危険な瞬間や考え事に没頭している最中にそういう経験をするのをただ待つのではなく、時間を超越する感覚を「自由自在」に呼び起こす方法を伝えるつもりだ。

そのやり方は、時間の仕組みのなかで自分が司っている領域、つまり「自分の感覚」を変えることだ。誰でも身につけられる簡単な方法を通じて、あなたも時計の文字盤と、あなた自身が時間に対して抱いてきた古い概念を、ついに超越できるようになる。

探究を続けてきてわかったのは、人はどんな問題を抱えていようと、自分のなかの時間の概念を変えれば、自己変革への扉を開けられるということだ。すると、人生のあらゆる面で「量子的な飛躍」、つまり「飛躍的な進歩」を実現できる。

もし、時間が常に一様に前に進みつづけるものではなく、それぞれの必要性に応じて曲げたり伸ばせたりできるものだとしたら？

私たちが現実世界で経験している時間の流れを、タイムマシンをつくらなくても変えられるとしたらどうだろう？

他人を魅了する力を持ち、かつ成功を成し遂げた人々が大勢参加していた会議で、私はある女性と知り合った。彼女自身も仕事で大きな成果を上げていた。

ふたりで話をするなかで、彼女は「もどかしさを感じている」と打ち明けてくれた。将来の夢が、過去の記憶に妨げられて何も実現できない気がして、壁にぶつかっているというのだ。

私は本書でも解説している考え方にもとづいて、「時間は、あなたがこれまでの人生で捉えていたかたちで存在しているわけではない」と彼女に語った。

時間は決まって一方向に進むのではなく、伸縮自在であり、自分自身が直接かかわったり、操ったりさえできるものだと。そして、時間にまつわる科学的根拠を知れば、いかに自分が時間に影響を及ぼせるかを説明した。

簡単にいうと、時計の文字盤に示された時間を「超越する方法」だ。

それは自己変革にも関係している。

過去への後悔や将来への不安で時間を無駄にしつづけるなら、どんなに長く時計の針を止めても、彼女がやりたいことを実現するのは無理だからだ。

私は、彼女が自身の過去と将来の捉え方を変えて、人生でやり遂げたいと思っていることを実現するために、具体的な手法を2つ伝授した。

それらを身につけるには、鍛錬と集中力を必要とする。だが精神力を十分に高めた彼女は、過去を乗り越え、奥が深く意義のある人生を生きる方法の習得に踏み出した。

この手法は、彼女の役に立ったのだろうか？

彼女は、次のように語ってくれている。


リサに教わった手法を実践したら、人生が一変しました。私の行く手を塞いでいた数々の障害は、邪魔をする力を失ったのです。はるか彼方にあるように思えた目標は、いまでは十分に辿り着けるところにあります。しかも、「超越した感覚」をツールとして活用することで、仕事での生産性も大幅に高まりました。

「超越した感覚」が得られた状態は、パニック状態のまさに逆だと実感しています。時間の流れがゆっくりと感じられ、もどかしい思いをすることもなく、目標達成に向けて何の障害もありません。この先、さらなる目標達成に臨めます。

また「超越した感覚」のおかげで、運動能力も向上しました。たとえばテニスをしているとき、ネットの反対側から向かってくるボールに集中すればするほど、態勢を整えて迎え撃つ時間を確保できます。しかも、ボールに集中すればするほど、よりいっそう落ち着いた気持ちになれます。ボールをうまく打ち返すための時間が、たっぷりあると感じられるのです。この実践的な手法を活用することで、人生のどんな場面においても必要な時間を十分に確保できるという自信が持てています。

私は運に恵まれていました。リサと知り合った当時の私は、意識を変えられれば自分の問題をすべて解決できると感じてはいましたが、何かが足りなかった。

そのために必要な鍵をくれたのがリサだったのです。


彼女は自分の時間の捉え方を変えた。すると、自分は時間に縛られているのではなく時間のつくり手であり、やりたいことをすべてこなせる時間がまさにたっぷりあることに気づいたのだ。しかも、物事を確実に適時に起こすための実践的なツールや戦略を手に入れたことで、強い連帯感や満足感も得られるようになった。

彼女は、時間の超越に向けて順調に進んでいる。

時間を操る力を手に入れるには、多大な努力が必要だ。そのため「そもそも時間の問題は、なぜこれほど重要なのだろうか?」と、思わず問いかけたくなるのもわかる。

私が思うに、時間の問題が重要である理由のひとつは、次の根本的な疑問の答えを誰もが知りたいからではないだろうか。

そう、「私が『いま』やるべきことは何だろう?」ということだ。

限られた時間を超える方法

時計の針が示す時間に左右されることなく、それぞれの必要性に応じて時間を曲げたり伸ばしたりできるようになれば、この疑問に答えるのはずっと簡単になるはずだ。

投げかけた疑問の答えを得て、その答えにもとづいて行動すれば、目的や意義、そして生きがいにあふれた人生を送れるようになるだろう。

私は、この本で解説している時間の理論とその実践によって、「私が『いま』やるべきこと」は何なのかが、どんなときでもわかるようになった。それだけでなく、それを実行できるようにもなった。

本書はまさに、あなたもそうできるようになるための指南書になるはずだ。

もしかしたら「いま」という時は、私たちが時間についての科学的な説明を理解するだけでなく、そうした科学的原理を応用して自分の人生を変え、やらなければならないことを着々とこなせるための機会が、初めて熟した時期なのかもしれない。

そうはいっても私が、アインシュタインが「時間を伸ばす」と表現した能力を確実に身につけられたのは、臨死体験を経て「時間を超える感覚はどのようにして得られるのか」について長年にわたって探究し、何十年間も鍛錬を行ってきた賜《たまもの》なのは間違いない。

この本では、私が会得したことからきわめて重要な部分を抜き出し、読者のみなさんが自分の感覚を超越させて、時間とのかかわり方を変えられるような実践的手法として紹介している。

本書の方針は次のとおりだ。

・PART1　時間の概念を見直す

最初の段階は、人間がつくりだした時間の概念を見直していく。

PART1では、変わることなく一方向に進んでいく人間の経験だと思われていた時間が、実際はそうではないという科学的根拠を、科学の歴史を大まかに振り返りながら示していく。

これらの根拠にもとづく考察は「時間とは、それまで考えられていたものとは違って、物理的なものであると同時に、感覚的なものでもある」だ。

そして、この時間に関する理論の感覚的な領域は、あなた自身が司っているため、あなたは自身の時間とのかかわり方を変えることができる。

この最初の段階は、その後の道のりの礎となる。

なぜなら、もしあなたが科学によって明らかになった事実を知らされたにもかかわらず、「時間は変えることのできない、一方向に進む力だ」と信じつづけるのなら、そのあとの実践をうまくこなせないからだ。

ここで「時間は、物理的なものであると同時に、感覚的なものでもある」という考え方について、もう少し説明しよう。

まず私たちの経験の「物理的領域」は、「アインシュタイン、重力、相対性理論」の世界によって、特徴づけられている。

この世界では、アインシュタインをはじめとする多くの科学者たちの研究のおかげで、時間はゴムひものように引っ張って伸ばしたり、縮めたりできることが、いまや科学における一般理解になっている。

一方で「感覚的領域」は、神秘的で幻想的で、さらには「不気味な」量子論の世界によって特徴づけられている。

この世界では、ほぼどんなことでも起こりうる。

意識は「波動関数の収縮」を引き起こすが、この現象自体が（時間を含む）現実の源である可能性もあるのだ。

これはサイエンス・フィクションではない。本物の科学だ。

時間には2つの領域があるというこの考え方は、私たちが時間を曲げたり伸ばしたりするための科学的に有効な手法を明示した、まったく新たな時間の概念である。

科学の分野では、「古典物理学の法則」と「量子論」を統一する理論を、「統一理論」または「万物の理論」と呼んでいる。私が提唱している上述の理論は「時間に関する万物の理論」と呼ぶに相当するものだ。

カール・セーガンは「非凡な主張には、非凡な証拠が必要だ」と指摘している。[1]

そのため、本書で提示されている内容はすべて、主流派の科学者の方々に確認していただいている。

時間の「正体と仕組み」の謎は、いまもなお物理学における最大の未解決問題のひとつだが、それを踏まえたうえで、彼らは私の理論の科学的な正確性を可能な限り示すために協力してくださったのだ。

・pART2　時間を操る手法を極める

自分が抱いている時間の概念を見直せれば、「自分の感覚を超越させる」こと、「時間とのかかわり方を変化させる」こと、さらには「時計が示している実時間にまでも影響を与える」ことに取り組める。

そうした能力は一般的な、あるいは通常求められているレベルを超えているかもしれない。だがそれは、決して超自然や魔法の力ではなく、私たち人間に生まれつき備わっている潜在的な可能性の一部だ。

「過去の経験にとらわれている」「いまこの瞬間を生きるのに苦労している」、あるいは「自身が望む将来を明確にしたいと思っている」などあなたがどんな状況にあっても、自己変革がいかに時間に根差しているかを、本書で学ぶことができる。

この本で紹介している簡単な手法を実践すれば、慌ただしい日常生活のなかでも時間を曲げたり伸ばしたりできる「超越した感覚」を保持する能力を身につけられる。

そうすれば、あなたにとって時間はもはや「敵」ではなくなるはずだ。

本書を読んでも、必ずしも「約束の時間に二度と遅れない」「締め切りを絶対に守る」というようになれるわけではない。

だが「時間を守る」ことについて、これまでとは別の意味に気づくはずだ。

さらには物事の先延ばしが減り、思考がより明瞭になり、振る舞いがより穏やかになる。

そうした変化は、無駄な時間を減らせるだけでなく、実際に時間を超越することにつながるのだ。


私が探究してきた理論を、ついに本というかたちで披露するときがきた。

同様の教えには、古代文明から何千年も受け継がれているものもある。

本書で紹介している手法は、「科学」と「自己変革」を組み合わせたものであり、それを極めれば、あなたも「時計の文字盤が示す時間」を超えた先にある「時間」を捉えられるようになる。

時間は自分の敵だという錯覚から解き放たれれば、時間を味方として活用する方法を習得して、自分がやらなければならないことに、時間をたっぷりと使えるようになる。

あなたが時間の真実を知り、時間を自由に操る方法を学ぶべきときは、まさにいまだ。

第2章 時間の「物理的領域」を知る
——重力、運動、そして物理法則

時間は、あなたの人生における最大の問題になるかもしれないが、それと同時に、今日の科学における最大級の問題でもある。

時間は、どんな状況でも同じ振る舞いをするというわけではないので、物理学者たちにとっても時間の正体の少なくとも一部は、いまだ謎のままだ。

わかっているのは、時間には科学者が測定できる「物理的な要素」があるという点だ。たとえば、時計の動きで時間を計ることができるし、地球の運動は24時間である1日や、季節の移り変わりをつくりだして時間を前進させる。

その意味では、時間の物理的要素を最もわかりやすく定義づけるのは、地球や宇宙の動きにまつわる私たちの経験だといえるだろう。

私たちが時間を物理的に捉えられるのは、自分や物が動いているからだ。それは地球が場所によって、昼だったり夜だったりすることを考えればわかる。

ニューヨークとシドニーで時差があるのは、地球が運動しているからだ。

地球における現実として、時間は物理法則の影響を受けている。

なかでも最大の影響を及ぼしているのは重力だ。

地上の物体から惑星にいたるまで、私たちを取り巻く世界のほぼすべての物の運動は、重力に支配されている。重力は「物質」と「空間」の副産物なのだ。

より詳しくいえば、物質が重力をつくりだしている。

地球が太陽のまわりを回るのも、月が地球のまわりを回るのも、重力によるものだ。

また、重力は時間の流れに多かれ少なかれ関与している。

一方、時間は相対的なものでもある。100年以上前、当時26歳だったアインシュタインは、「特殊相対性理論」という画期的な論文を発表した。[1]

彼の天才的な洞察は「時間はゴムひものように伸び縮みするものであり、運動している物体と、それとは異なる速度で運動している物体とでは、時間の進み方が異なっている」

というものだった。

具体的には、あなたが空間内を速く動けば動くほど、あなたよりもゆっくり動いている人に比べて、時間の進み方がより遅くなるということだ。

たとえば、あなたが宇宙に出て光の速度に近い速さで移動し、次にUターンして戻ってきたとする。その場合、あなたからすれば、道中での時間の流れはいつもと変わらないままだ。

だが地球に戻ったとき、地上の時計はあなたの時計よりもさらに先の時刻を示している。ある意味、あなたにとっての時間の進み方は、地球にいる人に比べて遅かったといえる。

10年後、アインシュタインは「一般相対性理論」を発表し、時の経過は重力の影響も受けていることを示した。

たとえばあなたが宇宙に出て、ブラックホールといった強力な重力源に近づいているとする。そこでは、あなたにとって時間はいつもどおりに流れている。そしてブラックホールに吸い込まれ、理論上脱出できないという恐怖の経験をすることになる。

一方で地球にいて、受けている重力があなたよりも弱い人々からは、あなたが速度を大幅に落としているように見えるし、さらにはブラックホールに到達する前に止まってしまっているようにさえ見えるかもしれない。[2]
「ブラックホールに近づけば近づくほど、示される時刻は、ブラックホールから離れた場所にある時計からずれていく」ということは広く知れ渡っている。だが、あまり知られていないのは、「時間の遅れ」として知られるこの現象が、地球でも起きる点だ。

研究者たちは、原子時計のおかげで、地球でのわずか30センチの標高差が時間の経過に影響を及ぼすことを実証できた。[3]

つまり、そうしたきわめて精度の高い時計を「エベレストの頂上」と「ロサンゼルス」にそれぞれ置いておくと、２つの時計はやがて異なる時刻を示すのだ。

時間は物理的要素に加えて、「時が経つという感覚」によっても計ることができる。「主観的時間」としばしば呼ばれる時間のこの側面についても、これまで大々的な研究が行われてきた。[4]

たとえば大多数の大人は、年を取るにつれて時間の流れが速く感じられる。子どものころは夏が永遠に続く気がしていたが、大人になるとあっという間に年月が過ぎていくように感じるというものだ。

デューク大学の研究者が最近発表した説によると、小さいころの記憶のほうが大人になってからのものよりもずっと長く残っている理由は、人間の体が老化するにつれて、脳による「画像処理」の速度が遅くなるからだそうだ。[5]

つまり若いときは、経験したことが急速に画像化されるため、思い出として残る画像数が多い。したがって、それらの出来事が起きていた期間が長く感じられる。

一方、脳の画像処理能力は年々低下するため、大人になってからの思い出の画像数は少なくなる。だから大人のときの記憶は短時間で次々に辿れるので、時間が速く進んでいるかのように感じられるという。

時間の概念を科学的に捉えなおす

時間についてのここまでの話は、何を意味しているのだろう？

それは「時間は、私たちが思っていたものとは異なる」ということだ。

それでもなお、私たちは時間について「予測どおりに例外なく、一方向にまっすぐ進んでいくもの」と考えてしまいがちだ。

ひとたび経験したら、もはや後戻りできない過去になる一連の「いまこの瞬間」を進んでいくかたちで、時間の流れを感じているからだ。

そして、矢を前方に向けて放つのと同様に、放つ前の過去に戻ることも、過去を変えることもできなければ、矢が向かっている先である将来を確実に知ることもできないと思っているのだ。

だが歴史のなかでは、時間が常にそう思われてきたわけでは決してない。

ウィリアム・ストラウスとニール・ハウは著書『フォース・ターニング　第四の節目』（ビジネス社）で、時間の概念が人類の歴史のなかでいかにしてつくられてきたかを、非常にわかりやすく解説している。

その内容を簡単に紹介すると、人間はこれまで次の「3つの異なるかたち」で時間を捉えてきたことがわかる。[6]

1　無秩序なもの

人間は数十万年前ごろから社会集団を形成するようになったが、それ以前の初期の人類は時間を無秩序なものとみなしていた。すべてのことは偶然に起こり、そこには原因も結果もなければ、理由も根拠もなかった。

2　周期的に巡るもの

その後、社会集団が発達し、自然についての知識が多少増えてきた約4万年前ごろから、人間は時間を周期的に巡るものとみなすようになった。時間の歩みは太陽（周期1日）、月（1カ月）、星座（1年）の動きのように永遠に周期を繰り返すものとされ、毎日、毎月、そして季節ごとに繰り返される人間の生活に反映された。

3　一方向に進むもの

作家たちが「歴史は前に進むことでつくられる」と著していたように、ほぼ全世界で「時間は永久に前に進むもの」との見方に変わっていった。そのため、16世紀には「一方向に進展する出来事」という発想が、時間の概念としてすっかり根づいた。

人間の時間の概念が時代とともに変化していったのは、決して不思議なことではない。私たち人間が、宇宙と時間の実体についての新たな知識を常に増やしつづけているなら、そうした変化はむしろ当然のことだ。

それはつまり、この先時間についてのさらなる知識が増えれば増えるほど、私たちの時間の概念がふたたび変化する可能性が、よりいっそう高くなることも意味している。

私たちはなぜ「時間は永久に前に進んでいくものだ」と、こんなにも強く信じ込んでいるのだろう？

物理学者ブライアン・グリーンは著書『時間の終わりまで　物質、生命、心と進化する宇宙』（講談社）のなかで、将来への時間の流れを「変わることなく一方向に進むもの」とみなす今日の私たちの考え方が、「熱力学の第2法則」と「エントロピー」の発想に、いかに関係しているかを解説している[7]。

エントロピーの考え方とは「物質（少なくとも、私たちが感知できる物体）は常に『消失、減少、自然崩壊』の道を辿り、そしてより無秩序になる」というものだ。

その結果、氷が溶けたり、蒸気が消散したり、生物が成長して老化したりするといった、世間一般の物が時間とともに秩序立った状態から無秩序な状態へと変化するのを、常に目の当たりにしている。

そして私たちは、時間を「常に前に進むもの」と何の抵抗もなく思い込むようになる。

その一方で「熱力学の法則は、疑いや疑問を抱くまでもなく、宇宙の仕組みについての証明済みの揺るぎない事実だ」と思っている科学者も、なかにはいるかもしれない。

だが実は、「熱力学の一連の法則は、物質界で物がどのように運動するかの予測を生み出すためのもの」だというのが、物理学者たちの本音だ。

これらの法則は、物事の仕組みの妥当な単純化によって、現実世界をきわめてうまく説明しているが、それはあくまで単純化やひとつの解釈にすぎない。

グリーンは蒸気機関を例にして、加熱された水分子の振る舞いを一般化することはできても、一つひとつの水分子が蒸気に変化するときのそれぞれの動きを予測するのは、今日の最高性能のコンピューターでさえ不可能だと指摘している。

そういうわけで、統計的予測の科学的な手法が注目を集めるようになった[8]。

個々の物ではなく、大きな集合体を調べることで、その後の振る舞いが早い段階からかなり正確に予測できる。こうした大量の数にまつわる数学が生み出す予測力は、たとえ何人かの客が大当たりしても、十分に稼げるとカジノ側がある程度見込めたり、エントロピーなどの物理法則が、不変かつ不可逆に思えたりする理由でもある。

「つまるところ、粉々に割れたガラスが自然に元の状態に戻るのを、誰も見たことがないのだから」とグリーンは指摘する。

「時間は必然的に前に進みつづける」ことへの反論

ただし、留意しなければならない点がある。

それは、この不可逆性が仮定されていながらも、ニュートンの「物理科学」、マクスウェルの「電磁気学」、アインシュタインの「相対論的物理学」、そしてボーアとハイゼンベルクの「量子物理学」も含めた科学の主要分野はみな、「時間の前進を必要としない数式」にもとづいて成り立っているということだ。

つまり、私たちの世界を司る科学の方程式は、時間が進む方向とは無関係なのだ。ということは、これらの基本的な方程式は、時間が後ろに進んでいる状態でも、時間が前進しているときと同様に、うまく成立するはずである[9]。

そして一部の物理学者までが、「きわめてまれかもしれないが、何かが無秩序状態から秩序ある状態へと変化して元に戻ることを意味する『エントロピー自体の縮小』が起こりうる」と主張している[10]。

この説は、エントロピーの「不変性」と「不可逆性」、そしてさらには「時間は常に前に進む」という見方に、疑問を投げかけるものではないだろうか。

ここでみなさんの知的好奇心を刺激して意見を交わすために、「時間は必然的に前に進みつづける」という概念への反論を試みた「現代物理学の理論」をいくつか紹介しよう。

・ワームホールとは

1935年、アルベルト・アインシュタインとネイサン・ローゼンはのちに「アインシュタイン－ローゼン橋」、そしてさらにその後「ワームホール」として知られるようになる構造を発表した。

ワームホールとは、アインシュタインの「重力方程式」で表された時空の歪みで、離れた場所を物理的に結ぶ「宇宙の抜け道」のようなものだ。

ワームホールの片方の入り口を、ブラックホールといったその重力が時間を曲げるものの近くに設置すると、この「通路」の両端では時間が同じ速さで流れていないため、ワームホールを通って過去に戻ったり未来に行ったりできると考えられる[11]。

・量子の不確定性とは

量子論の中心をなす「不確定性原理」とは、「原子や亜原子粒子（原子よりも小さい粒子）レベルで、物質について正確に知ることができる量には限界がある」ものだ。

私たちがせいぜいできるのは、ある物が特定の場所に位置する可能性やどんな振る舞いをするかの数学的な起こりやすさ、つまり確率を計算することくらいだ。

量子論の不確定性原理は、物理学の予測不能さを認めるものであり、十分に長く待てば大抵のことがいつでも起こりうることを示している。[12]

・多元宇宙とは

同じく量子論の分野に含まれる「多元宇宙論」では、無数の世界の存在が仮定されていて、選択が生じるたびにそれぞれの世界で異なる道が選ばれる。

それぞれの世界で違うことが起こりうるため、この理論は時間旅行に対する有名な反論「祖父のパラドックス」（訳注：「親殺しのパラドックス」ともいう）を解消する。

「祖父のパラドックス」とは、あなたが時間を遡って自分の父親が生まれる前に祖父を殺したら、そもそもあなたは存在しないはずなので、祖父を殺せないことになるというものだ。

多元宇宙論では、ほかの宇宙で祖父の複製を殺せるので、その後あなたは自分の宇宙で生まれることができる。

なお、「そもそも、２つの宇宙のあいだをどのように行き来するのか」という問題には言及されていない。

・量子もつれとは

「量子もつれ」の過程では、たとえ遠く離れている粒子同士でも深くかかわりあって、まるでつながっているかのように振る舞えるという。

これはつまり「粒子は高速で移動できて、しかも光よりも速い」という意味だ。もし粒子が光よりも速く移動できるのなら、おそらく時間を超えて移動できるので、時間旅行も可能になる。

「時間はひたすら前に進むもの」という考え方に異議を唱えるこれらの理論は、ワームホール以外はどれも、量子物理学という物理の一分野を拠り所にしている。

量子物理学とは、原子や亜原子粒子といった「最も小さい既知の物体」の振る舞いを明らかにする研究だ。

そして量子物理学では、ミクロな物体の世界を扱っているため、数学を用いて「量子」の振る舞いを予測している。

この量子とは、きわめて小さな「電磁エネルギーの塊」である。

量子の世界では、エネルギーや物質が従う法則は、私たちが見たり感じたり手にしたりできる物とは異なっている。

こうしたことから、時間の「感覚的領域」は、量子物理学の原理で最もうまく説明できることがわかってきた。

第3章

時間の「感覚的領域」を知る

――量子の世界

量子の世界がまだ発見されていなかった何百年も昔、ガリレオやニュートンといった古典物理学者たちは、「時空のエネルギーの性質」を研究していた。

彼らの目的は、見たり手にしたりできる物の世界での出来事を、きわめて正確に予測できる「法則」を見いだすことだった。

その後、研究用機器の性能が十分に向上したいまからおよそ1世紀前、物理学者たちは人間の目には見えない原子よりも、はるかにもっと小さい粒子の研究を行うようになり「量子物理学者」が誕生した。

一方、その対極ともいえる宇宙物理学者は、銀河やさらには銀河団といった宇宙内の巨大な物体を研究していて、それらの動きや重力場、そしてそうした巨大な天体が周辺のほかの巨大な天体にどんな影響を及ぼしているかを調べている。

ある意味、宇宙物理学者も量子物理学者も「粒子」を研究している。

強いていえば、一方が対象にしている粒子は、もう一方のものよりもはるかに大きいが。

ところで、「粒子」とはいったい何だろう？

粒子という用語は科学において広い意味で使われていて、具体的には「重さを持つさまざまな物体」を指している。

だが本当のことを正直にいうと、科学者たちは「粒子」が何であるかを実はよくわかっていないのだ[1]。

ミクロな量子の世界では、粒子は物質が存在するための基本となる「点状の物体」だ。

科学者たちにとっては困ったことに、物質を構成するそれらの基本的な点状の物体は、惑星や太陽のきわめて大きな世界も含めて、私たちが日常世界で感知できる相対的に大きな物とは、異なる振る舞いをする。

そうした「原子の粒子」や「亜原子粒子」の振る舞いは、古典物理学で扱われるもっと大きな物体のものよりも謎に包まれていて、その理由もまだ明らかになっていない。

そしてそういったミクロな粒子は、私たちの日々の生活を左右する「因果の法則」に従っていないように見える。たとえばそれらの粒子は、ある場所に一瞬いたかと思うと、直後には明白な理由もなしに別の場所で発見されることもある。

実のところ研究者たちは、量子の世界で「確実性」をどこにも見つけられないでいる。

この章では、時間に対する私たちの理解に影響をもたらす「量子物理学の基本原理」をかいつまんで取り上げる。

なお、ここで紹介する理論についての研究内容をさらに詳しく知りたい場合は、「巻末付録　さらなる科学的解説」を参照してほしい。

観察者効果とは

量子の世界がいかに風変わりかを示す例をあげてみよう。

私たちの目に見えている世界では、池のなかに向けて銃を撃つと、弾は水中に落下する。

水面に当たった弾は、波を発生させる。そして同心円を描きながら次々に生まれる波は、弾の落下場所から離れてどんどん広がっていき、やがて池の向こう側に到達する。

一方、池を越えた先に向けて銃を撃つと、弾は宙を飛んでいって、やがて池の反対側のどこかに落下する。

いずれの場合も、弾はある場所から別の場所へと移動する。

だが池のなかへ撃たれた弾とは違い、池の向こう側をめがけて発射された弾は、はっきりと目に見える波を生み出さない。ただ地面に落下して、そこに留まっている。

では、この現象が「光子（光の粒子）」といった亜原子粒子でも成り立つとしよう。

この場合、弾に相当するのが光子だが、弾と違うのは「エネルギーの小さな塊として存在している」という点だ。

光子は、池のなかに撃たれて波を発生させた弾のように振る舞うこともあれば、池の向こう側に撃たれて波を生まなかった弾のように振る舞うこともある。

量子科学の分野が生まれる前の時代においては、科学者たちは「光の性質からすると、光は波としか考えられない」と信じていた。

それから１００年以上のちにアルベルト・アインシュタインが、「特定の周波数の光は、粒子のような『離散的なエネルギーの塊』としても存在する」ことを証明した。

その後まもなくして、光は「波のように振る舞う」ときもあれば、「粒子のように振る舞う」ときもあることが実験で示された。

そして光子の振る舞いは、科学者が観察や測定を行っているかどうかに左右されることがわかった。ただし、光の「波と粒子」としての振る舞いを同時に観察することは、どうしてもできなかった。

科学者たちが観察すると、何かが起きて光子が変化したのだ。


観察されているときは「粒子」として振る舞い、観察されていないときは「波」として振る舞うとは、いったいどういうことなのだろう？

光子は弾といった目に見える物体とは違って、謎のような存在だ。

観察されているかどうかによって、「粒子」にも「波」にもなるからだ。

これは量子論における「最も風変わりな結論」のひとつかもしれない。

そもそも光子は光子なのだから、ある物から別の物へと魔法のように変化するのはおかしいではないか。科学者が観察しているかどうかなど、光子には関係ないはずだ。

だが、物理学の専門用語を使って説明するとしたら、観察によって「波動関数の収縮」

が起きて波から粒子になることが、一連の実験結果からわかっている。

ここでは光子を例にして話を進めたが、重要なのはこれが光子に限った現象ではないという点だ。

最も有名な「二重スリット実験」（「巻末付録　さらなる科学的解説」を参照）をはじめ、同様の研究が「中性子」「原子」、さらには「より大きな分子」に対しても行われてきた。

観察によって波が収縮して粒子になる「波と粒子の二重性」は、自然界の最も基本的な「粒子の振る舞い」を司っているようなのである。

実際、すべての基本亜原子粒子は、粒子と波のどちらのようにも振る舞えるというこの奇妙な行動を見せる。[2] そして、そうした基本亜原子粒子には、物質を構成するものも含まれている。[3]

その結果、科学的で測定可能な現実世界の要因として、人間が量子の融合体に組み込まれ、この現象は「観察者効果」と名づけられた。[4]

人間の観察、つまり注目が現実の構築に一役買っていることを示しているこの効果は、量子物理学の原則となった。

この発見は、私たち自身を取り巻く世界での経験とも相容れなければ、古典物理学の法則にも反していたが、それでも無視できるものではなかった。

そしておよそ1世紀後には、それは単なる仮説ではなくなった。ミクロな量子の世界で起きることが、私たちが日々暮らすマクロな世界でも起きていることを示す「信頼性の高い証拠」が相次いだのだ。

ある研究者たちが「観察者効果を起こすのは意識そのものだ」という理論を展開したことから、「意識が収縮を引き起こす」という言葉が、一部の学派では観察者効果と同じ意味を持つようになった。

量子論の生みの親であるマックス・プランクは、次のように論じている。

「私は意識を根本的なものとみなしている。物質は意識から派生したものだ。意識を避けることはできない。どんなことについて話すときも、どんなものの存在を認識するときも、意識は自明のものとされている[5]」

量子重ね合わせとは

ある科学者たちは「もし最小単位の状態の物質すべてが、観察されるまで可能性として存在するのなら、それらは観察されるまでは存在可能な複数の立場に同時にある」という理論を立てた。

１９３５年、オーストリアの物理学者エルヴィン・シュレーディンガーは、光子よりも大きい物を使ってこの理論を説明する方法を思いついた。それは猫だった。

だが、心配しなくてもいい。これはあくまで理論上の「思考実験」であって、この実験を行う過程で、生きている本物の猫に危害が加えられることはなかった。

まず、毒ガスを放出できる装置が設置された箱に、生きている猫を入れるという状況を思い浮かべてみよう。もし毒ガスが放出されれば、猫は死ぬ。

次に、コインを投げて、毒ガスを放出するかどうかを決めるとする。

なお、このようにコイン投げで決めると、毒ガスが放出される確率はコインの表裏のどちらか一方が出る確率と同じで、50パーセントになる。

それから、密閉された箱を開けて猫を確認すると、毒ガス放出の有無に応じて、生きている猫、あるいは死んでしまった猫のどちらかを目にすることになる。

もしこの実験の猫が、猫ではなくて「量子粒子」だったとすると、あなたが箱を開けて猫を見るという行為が、「猫の生死」を決定づける。

つまり、光子が観察されるまでは「波または粒子」のどちらにもなれるように、あなたが箱を開けて確認するまで、猫は生きている状態でもあるし、死んでいる状態でもある。

シュレーディンガーが導き出した結論は、次のとおりだ。

「もしこの状況に量子物理学の原理を当てはめると、猫はいわゆる『量子重ね合わせ』の状態、つまり生きていると同時に、死んでいる状態にあることになる」

この結論は、宇宙を司るとされている「因果の法則」に逆らうため、科学者たちを大いに悩ませた。

通常なら、毒ガスが放出されたか放出されなかったかのどちらかで、それに応じて猫は死んでいるか生きているかだし、私たちが観察しているかどうかは、猫の生死に関係ない。

量子の世界が、目に見える世界を司るとされる法則とはいかに異なる振る舞いをするかを示したこの「有名な思考実験」は、量子力学の謎に満ちた世界に光明を投じるために広く活用されている。

量子もつれとは

さらに奇妙なことに、量子物理学での予測によると、たとえ粒子同士が部屋の両端、それどころか宇宙の両端ほど離れていても、何らかの方法で瞬時にやりとりができる。

こうしたかたちで深くかかわりあっている粒子は、「量子もつれ」の状態にあるという。

もう少し具体的に説明しよう。

たとえば、あなたと友人が非常に特別なトランプを1セットずつ持っているとする。

なぜ特別かというと、あなたがめくったカードと、友人が同時にめくったカードが、毎回必ず同じ絵柄になるからだ。あなたがめくったカードがスペードのエースだったとすると、同時にめくった友人のカードもスペードのエースだ。

そんな非常に特別なトランプと同様に、科学者たちは2つの光子を「量子もつれ」の状態にできる。

たとえば、片方の光子を別の場所に送るとする。

そして科学者のひとりが一方の光子の性質（例：偏光）を計測すると、もう一方の光子が送られた場所にいる別の科学者は、そちらの光子の値を瞬時に知ることができる。

特筆すべきは、量子もつれが光子以外の粒子でも見られることが示されている点だ。

これらの粒子のそういった性質は、観察されるまで未知でありつづけるため、ここでも観察者効果がはたらいていることがわかる。

たとえ何百キロも離れた2つの光子でも、一方の光子に何かが起きると、まるで一瞬にして互いに信号を送りあえるかのように、その出来事がもう片方の光子にすぐさま影響を及ぼす可能性があることが、科学者たちによって示されている。

量子物理学を特徴づけるほかの多くの理論と同じく、この発見も大きな問題を呈している。

量子もつれの状態の粒子が互いに瞬時に信号を送りあえるのならば、そこでやりとりされているものは光よりも高速で移動しているはずだが、科学の理論上では光より速いものは存在していないからだ。

それでも、科学者たちは現実世界に対する通念を打ち破るために、よりいっそう離れていても量子もつれが生じることを示そうと、ひるまずに努力しつづけている。

粒子間で量子もつれがどのようにして生じるのか、あるいはこうした「光よりも速い」相関関係をもたらす要因については、まだ解明されていない。

それでも、この現象を起こす「何か」が存在していることに疑いの余地がない点は、数々の実験によって証明されている。

アインシュタインは、この現象を「不気味な遠隔作用」と呼んで、はなから疑わしく思っていたが、これはまさに現実のものなのだ。[6]

万物の理論とは

もしあなたが物理学者でなければ、ここまで読んで「原子より小さいミクロレベルの個々の粒子の振る舞いが、それと同じ粒子が大量に寄せ集まって目に見えるマクロレベルの物質になったときでの振る舞いと、これほど違うのはなぜなのか？」という疑問を抱くのは当然のことだ。

ミクロの世界を司る「量子力学」と、マクロの世界を司る「一般相対性理論」は、どちらも十分に立証された理論だ。

たしかに、この2つの理論は一般的に受け入れられている現実に逆らうかのような特異な結果を示す場合もあるが、それでもそうした結果に対して厳密な検証を行うと、それらは常にそれぞれの理論の結論を裏づけるものになる。

またどちらの理論においても、基本的な次の「4つの力」は人間が感知できる物体の「マクロな世界」と、量子粒子の「ミクロな世界」のどちらにも影響をもたらすとみなされている。

「重力」は、惑星や銀河をそれぞれの位置に保つ力だ。

「電磁気力」は電子を原子核に結びつけ、原子を結合して分子をつくりだす。

「強い力」は、クォーク同士を結びつけて原子核をつくる。

そして「弱い力」は、原子核の崩壊を起こす。

なぜこの4つの力が、まったく異なるように見える2つの世界で、同じようにはたらくことができるというのだろう？

科学者たちは、これら4つの力がミクロの世界でも、マクロの世界でも、それぞれはたらくことを説明できる理論の構築を試みてきた。

ミクロとマクロの世界の両方をひとつの理論で説明するということの研究で進められている理論は、一般的には「万物の理論」あるいは「統一理論」という名称で知られている。

アインシュタインは研究生活の後半から亡くなるまでの30年を費やして、一般相対性理論のマクロな世界では疑いなくはたらいている「重力」を、「電磁気力」と統一しようと試みた。[7] そしてそれ以降、科学者たちは探究を続け、現時点では重力以外の「3つの力」が統一されている。[8]

これは研究の盛んな分野ではあるが、4つの力すべての統一という究極の科学的偉業は、まだ達成されていない。

だがもし成功すれば、自身の時間とのかかわり方を変えたいと思っている人にとって、非常に大きな意味を持つ。

なぜなら、それは量子力学の法則が、目に見える世界における粒子のもっと大きいマクロな集まりに測定可能な目立った影響を与えるだけでなく、「物質の構築」や「時間の実体の変化」にも一役買っていることを示しているからだ。

近年の理論では、「重力」が「ほかの3つの力」とますます強く結びつけられていて、それらの研究は「量子重力」という言葉が「万物の理論」の代名詞とみなされるようになったほど、大きな期待に満ちている（万物の理論にまつわる研究の詳細は、「巻末付録さらなる科学的解説」を参照のこと）。

そうした科学的理論のなかでも、突出しているものが2つある。

ひとつは「ひも理論」と呼ばれていて、その内容はまさに名前のとおりだ。

要は、宇宙は「両端がつながっていないひも」と「両端がつながって輪になっているひも」という「2種類の振動する小さなひも」でできているというものだ。

そして、これらのひもの「伸縮、接続、振動、分離」が、「マクロな一般相対性理論の世界」や「ミクロな量子論の世界」も含めた「宇宙のすべての物質と現象の源」になっているという。

もうひとつ「ループ量子重力理論」と呼ばれる別の統一理論は、宇宙は量子の不確定性に影響されることも含めて量子のように振る舞う「ループのネットワーク」によってできているという説だ。[9]

宇宙の仕組みについてのこうした理論のほかにも、ミクロな世界を司る「量子物理学の原理」が「マクロな世界」にも当てはまるのを示すことで、万物の理論を構築しようと試みる研究者たちもいる。
たとえば一部の研究者たちは、「量子もつれ」と、宇宙にあるとされる「ワームホール」は同じ現象かもしれないと近年論じている。[10]
また別の研究者たちは、「量子重ね合わせ」(先に取り上げた「シュレーディンガーの猫」の事例)が、宇宙内の宇宙船といった「きわめて大きな物体」でもありうることを論証する思考実験を行い、「重力」と「量子力学」が統一できることを示した[11]。

さらに科学者たちは、「意識が収縮を引き起こす」ことや、「観察者効果は人間が感知できる物体にも見られる」ことの証明に、何十年も取り組んできた[12]。

科学の絶え間ない進歩から考えれば、粒子より大きな物に対する量子論の実験においても、その理論が成り立つことが間違いなく証明できるようになるだろう。

では、ここでいったん立ち止まって、ここまで見てきた内容の意味を考えてみよう。

もし量子もつれが事実で、物質は観察されるまで重ね合わせの状態で存在して、さらには観察者効果によって現実が構築されるのであれば、十分長く待てばまさにどんなことだって起きる。

人々の頭のなかにある思いや意図をすべて数え上げれば、起きうる出来事の数は無限にあることがわかるはずだ。

たとえば、あなたの家の裏庭に飛行機が着陸するかもしれない。またそれとは別に、「あなたの膝の上に、突然ピクルスが現れますように」という私の願いも、かなえられるかもしれない。

さらには、時間を曲げたり伸ばしたりできるようにもなるだろう。

「時間には2つの領域がある」と私が提唱している時間の仕組みについての考え方が、ある意味で「万物の理論」と呼べるのはそういうわけだ。

重力と量子論を統一理論に結びつける科学的な理論が成り立つには、「観察」（私が「超越した感覚」と呼んでいるもの）を必要とする。

亜原子粒子は外部の観察者、つまりあなたによって決定づけられるまで不確かな状態だ。それはつまり時間も含めて、現実とは、物理的なものでもあれば、感覚的なものでもあることを示している。

この理論の「感覚的領域」は、あなたが司っているため、あなたは自身の時間の捉え方を操れるというわけだ。

とはいうものの、「まさにどんなことだって起きる」という状況になることは、ほとんどないではないか。それはどうしてだろう？

いや、実際には私たちが思っている以上にそうした状況が起きているのかもしれない。たとえば、あなたはガラスのコップを落としたが、コップがあまりにゆっくりと落下していくので、床にぶつかるよりも先に楽々と受け止められたとしよう。

あなたはこのとき、起きたことの説明になりそうな納得できる何らかの理由を思いつくと「まあ、めったにないことだけど」とつぶやき、その後はいつもどおりの生活を続け、出来事自体を忘れてしまうだろう。

あるいは、「いま見たのは、本当のことだったんだろうか？　いや、そんなことありえない」と、自分に言い聞かせるかもしれない。

大抵の場合、私たちはこうした経験を軽視する。起きたことに対して無理やり理屈をつけて片づけようとする。なぜそうするのだろう？

そうした出来事は、現実についての「私たちの通念」とうまく合わないからだ。

だが科学者たちは、そういった出来事がマクロの世界で実際に起きる例を次々に示している。

ウィンストン・チャーチルは、政治上のライバルだったスタンリー・ボールドウィン首相について、次のように評したという。
「彼はたまたま真実に巡り合うこともあったが、それに真っ向から向き合わずに、まるで何事もなかったかのように常に慌ててやりすごした」[13]
それは、私たちみなについてもいえることであり、誰だって途方もない経験をすると、何もなかったかのように受け流そうとするのだ。

こうした「たまたま真実に巡り合っても取り合わない」現象は、研究者たちのあいだでは「選択的注意」とも呼ばれている。

選択的注意とは、ある出来事に集中するあまり、それと同時に起こっているほかの出来事を排除してしまうことだ。

これについての非常に優れた例である「数名のプレイヤーが輪になって、2個のバスケットボールをパスしあう」様子を撮影した映像は、とてもよく考えられたものだ[14]。

この映像では、プレイヤーは黒か白のTシャツを着ていて、視聴者は「白Tシャツのプレイヤーが何回ボールをパスするか数えるよう」ナレーションで指示される。

あなたがもしこの映像をまだ見たことがなければ、ここから先を読む前に映像を見てほしい（ネタばれ注意）。

映像の終盤、視聴者はゴリラを見たかどうかを尋ねられる。

たしかに映像では、着ぐるみのゴリラ姿の人がプレイヤーたちの輪のなかに入って正面を向き、カメラに向かって何度かドラミングをしたあと、輪を抜けて去っていく。

だが視聴者の大半は、（ゴリラが入ってくると知らなければ）ゴリラにまったく気づかないのだ。

この映像は、選択的注意のまたとない好例だ。

視聴者は別のことに集中して、しかもゴリラが出てくるとは予想していないため、ゴリラの着ぐるみ姿の人というこれほど大きくてわかりやすいものさえ見落としてしまう。

それを見るのは予想外のことだったので、脳が受けつけなかったのだ。

同じように、もし自分が目にしているものは、すべて物体の物理法則に従うと思っていたら、たとえこのマクロの世界でも量子力学がはたらいていたとしても、私たちは実際に起きていることを受け入れられないかもしれない。


なぜ、私たちの庭に飛行機が着陸することもなければ、膝の上にピクルスが現れることもないのだろう？

それは、私たちは予想どおりのものしか受け入れないからだ。大抵の場合は。

ここで取り上げた理論の大半はまだ仮説だが、量子論がマクロの世界でも成り立つことを証明しようとする研究によって、量子力学がマクロ、ミクロ、さらにはその中間といったありとあらゆる現実で成り立つことが、示せるようになるかもしれない。

私たちの予想は、科学が明らかにしようとしている可能性や真実の豊かさに、まだ追いつけていないのかもしれない。

選択的注意の対極にあるのが、私が「超越した感覚」と呼んでいるものだ。これは「ゾーンに入る」「フロー」「ザ・ナウ」といった名称で知られる「より高い次元で覚醒した状態」に入ることだ。

次の章では、私たちの時間とのかかわり方、あるいは時間に影響を与え、あまつさえ操ることさえ可能にする能力に、人間の感覚がいかに大きな役割を果たしているかを示すさらなる証拠を探っていく。

第4章

目に見えないものが「驚くべき光景」をつくりだす

——感覚、意識

「現実は物理的なものでもあり、感覚的なものでもあるかもしれない」ということが受け入れられるようになれば、その瞬間からあちこちでゴリラを目にするようになるだろう。すでに何十年も前から、現代科学の一部の分野では「目に見えない力が、注目に値する影響をもたらすかたちで『光景』を変えている可能性」について、さまざまな研究が行われてきた。

非言語的なやりとりが「電流」を変化させる

成果が得られた最も大規模な研究のひとつは、「乱数発生器」を用いた実験によるものだった。１９９０年代、ディーン・ラディンをはじめとする、プリンストン大学と関わりのある研究者たちが、「地球意識計画」と命名したプロジェクトに着手した。

この研究プロジェクトの目的は、大人数（地球全体の人々）が非身体的な手段でやりとりしている可能性を明らかにすることだった。

それぞれ個別の乱数発生器を備えたコンピューターの世界的ネットワークを利用して調べた結果、２００1年9月11日のアメリカ同時多発テロといった、大勢の人々が感情を共有すると思われる「世界的な出来事」が起きた際には、この乱数発生器ネットワークの出力傾向が変化することが判明した。

その仕組みや理由については科学者たちもまだ正確に把握していないが、それでも大勢が同時に抱いた感情は、発生した一連の数字の「非ランダムさ」と相関していた。

ちなみに、相関関係がなく偶然この結果が出る場合の確率は、10億分の１以下という計算になる。

数十年かけて同様の検証を進める過程で、３５０件以上の実験が個別に行われた。

単独の出来事だけの結果では、相関関係を立証するには不十分かもしれない。だが、これほど多くの実験結果が集まったことで、結果の有意性が高まった。

ラディンたちは、次のように主張した。

「発生器の出力傾向が通常から明らかに変化したことは、何百万もの人々が一斉に経験した激動的な出来事に対する彼らの反応と相関しているとしか考えられず、ほかに説明しようがない」[1]

プロジェクトの実験結果については、「どんな種類の出来事を、世界的に重要とみなすべきなのか」「出来事の最中に出力された乱数データの変動量の基準を、どう定めているのか」といった疑問の声もある。

さらには、これらの実験では対照実験が行えないこと、つまり激動的な出来事が起きていない「もうひとつの地球」でのデータ変化と比較できない点も批判されている。

それでも、この研究は「大勢の人々が共有する感情は、測定可能な影響をもたらすのかどうか」を明らかにするという意味で、何年ものあいだ研究者たちの関心を引きつけてきた。

科学においては、測定可能なものはすべて「実在する」とみなされる。

人の思考がほかの人の思考、感情、振る舞いに影響をもたらす

１９９０年、『アメリカ心霊研究協会誌』に掲載された「精神の遠隔影響」理論に関する論文によると、被験者は血球、とりわけ試験管内の被験者自身の血球に対して、溶血（血球破壊）速度に影響を及ぼせるという。[2]

議論を呼んだこの研究は、「トランスパーソナル心理学」の分野に属していて、通常、「超感覚的知覚（ＥＳＰ）」と呼ばれる研究とも関連している。

この論文を発表した研究者ウィリアム・ブロードはその後、もとは１９８３年から２０００年のあいだに査読つき学会誌に掲載されてきた数々の論文を、20年間の研究の集大成として、１冊の本にまとめた。[3]

ブロードの精神遠隔影響理論によると、一定の条件下では、人間はほかの人や他生物の「思考や想像、感情、振る舞い、生理的および身体的活動」を把握したり、それらに影響を及ぼしたりできて、しかもそれは影響を「与える人」と「受ける人」が、たとえ通常の力が及ばないほど、時空においてはるか遠くに離れていても可能だという。

こうした研究では、認識したり影響を与えたりするための通常の手段は除外されている。

そのことから、そこでの発見は、従来の自然科学や行動科学、社会科学で現在認識されているものを超えた「まだ知られていない人間の意思の疎通手段や相互接続手段」を示しているのかもしれない。[4]

人間の感覚は、時間の捉え方も含めた現実を変える

ここで紹介した例は、私たちの思いや意図が、「ある種の物理的現実に影響を与える」可能性の根拠を示している。

だがもっと具体的に、私たちの思いや意図は時間に影響を与えられるのだろうか？

答えはどうやら「イエス」であり、しかも決してめずらしいことではなさそうだ。

すでによく知られているが、スポーツではアスリートが最高の能力を発揮できる段階に到達することを「ゾーンに入る」という。

1956年から1969年までボストン・セルティックスの中心メンバーとして活躍した、伝説的プロバスケットボール選手ビル・ラッセルは、自伝*Second Wind: The Memoirs of an Opinionated Man*（気力を取り戻す――ある頑固な男の回顧録）のなかで、「試合の動きが遅くなったように見えて、それが自身の魔法のようなプレイにつなが

る『神秘的な感覚』」について、次のように語っている。

その特別な段階では、ありとあらゆる不思議なことが起きた。チームとともに走りつづけている私はありったけの力を出し、体を酷使し、肺の一部が飛び出しそうになるくらい激しく呼吸していたが、それにもかかわらずまったく苦痛を感じなかった。試合の動きは速く、どんなフェイントやカット、パスも予想がつかないはずなのに、私には何の驚きでもなかった。それはまるで、試合がスローモーションで進んでいるかのようだった。

そうした魔法にかかっているときの私は、次のプレイがどうなって、次にどんなシュートが打たれるのかをほぼ感じ取れた。相手チームがまだスローインしていないのに、どこに投げるのかが痛いほどはっきりとわかり、チームメートたちに「そこに来るぞ！」と叫びたくなるほどだった。だがもしそうしていたら、事態がすっかり変わってしまうことがわかっていたので叫べなかったが。

その状態のときの私の予感はすべて的中し、しかも自分がセルティックスのメンバー全員だけでなく、相手プレイヤーたちのこともすべて把握している気がしたし、さらには彼らもみな私を理解してくれているとも思えたのだ。[5]

ほかの多くのアスリートたちも「ゾーンに入る」ことについて、「時間の進み方が遅くなったかと思えるほど集中力が高まっている状態であり、ほぼトランス状態に陥ったようなものだ」と語っている。

そのときの彼らの目の前の光景は、スローモーションで動いているという。

それは意識的な思考が存在しない、純粋に体験のみからなる状況だ。

ビル・ラッセルをはじめ、アスリートたちはこの「時間の進み方が遅くなったように感じられ、何かが起きる前にそれがわかり、そして驚くべき成果を出せる」状態にどうやって入っているのだろう？

この「時間の進み方が遅くなったように感じる」や「時間の進み方が速くなったように感じる」という現象については数々の研究が盛んに行われ、さまざまな理論が立てられてきた。

たとえば、眠り込んで何時間も夢を見ていたように思えたのに、目を覚ますとほんの1～2分寝入っていただけだったことに気づく、という経験があなたにもないだろうか？

あるいは、深く考え込んでいたり、何かのプロジェクトに熱心に取り組んでいたりしたとき、ふと時計を見たら知らないうちに何時間も過ぎていたという経験は？

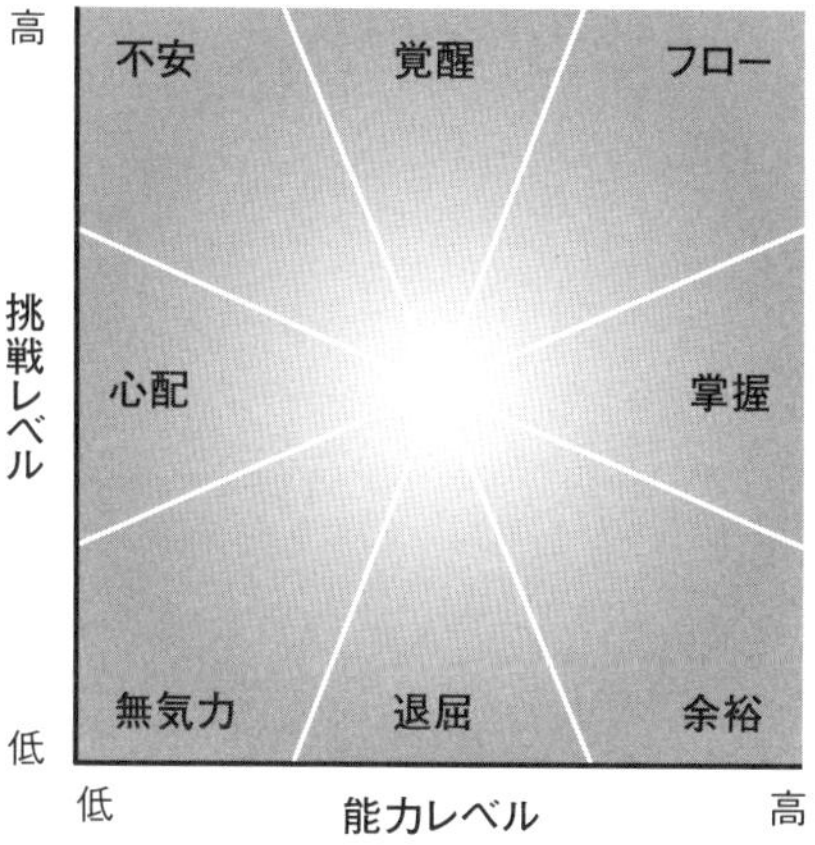

フローとは、高度な挑戦と、その挑戦に応える高い能力の産物である。この図は著者ミハイ・チクセントミハイの許可を得て、*Flow: The Psychology of Optimal Experience* (New York: HarperCollins, 2009)（翻訳版はM・チクセントミハイ『フロー体験　喜びの現象学』世界思想社）を参考にしている。

ミハイ・チクセントミハイは、著書『フロー体験　喜びの現象学』（世界思想社）で、文化や性別、人種、国籍に関係なく、世界各地で報告例のある「自分を超越するという人間としての経験」の一面について論じている。

高度な挑戦と、それに応える高い能力の産物であるこの状態を、チクセントミハイは「フロー」と呼んでいる（上図参照）。

その状態に入ったときの特徴として、「集中力が大いに高まる」「高い能力が発揮できる」「気分が高揚して前向きになる」「達成感が満たされる」「自己意識が薄れる」「自己を超越したと感じられる」といったものがある。[6]

この「フロー」の状態は、「ゾーンに入る」「いまこの瞬間に存在している」、あるいは「ザ・ナウ」とも呼ばれている。

その状態では、時間の進み方が思っているものとは違うように感じられる。

自分の思考や行動に気を配る「マインドフル」な状態のときや、「いまこの瞬間」に集中しているときは、自身の脳が時間をゆっくり認識するようになる場合があることが、研究によって示されている。

それはつまり、自身の感覚を意図的に超越させることができれば、時間ともっとゆっくりかかわれるということだ。

感覚によって、自身の時間の捉え方をどのようにして変えられるのかについて、もっと詳しく見てみよう。

時間の流れが遅くなるこの感覚は、スポーツをしている最中のアスリートだけでなく、脳に異常、特に運動感覚に障害がある人も抱く場合がある。

ある論文では、「ツァイトラファー現象」と「運動盲」の両症状がある動脈瘤患者について取り上げている。[7]

ツァイトラファー現象とは、動いている物体の速度に対する感覚が変化する現象で、運動盲とは動きを視覚で捉えることができないという状態だ。

これらの患者は自身の症状の一例として、「シャワーヘッドから出ている水が、まるで映画をスローモーションで再生しているかのように空中で止まり、水滴の一つひとつが目の前にぶらさがっているように見える」と語っている。

こうした経験はてんかんや発作といった身体疾患がある場合にのみ起きるというのが、研究者たちの一般的な考えだ。

だが先に取り上げた「私の友人ビルが運転していたときの例」のように、命にかかわる緊急事態に直面した人も、時間の流れが遅くなるのを経験している。

この現象について何十年も研究を続けてきたノイスとクレッティの調査結果によると、死に直面した当時の記憶を尋ねられた被験者の7割以上が、時間の進み方が遅くなったように感じたという[8]。

さらに、被験者たちは思考速度が通常の100倍にもなり、直面した事態に関連する出来事を、客観的かつ明確に捉えていた。

しかも時間の進み方がきわめて遅くなったように思えたことで、瞬時の出来事にも明確な意図を持って、正確に対処できたことがわかった。[9]

8歳のときに屋根を突き抜けて落ちるという恐怖を経験した研究者デイビッド・イーグルマンは、そのときの臨死体験の記憶に強い関心を抱き、もっと深く知りたいと思って研究者の道に入った。

そんな彼が行った実験のひとつは、機器の操作でつくりだされる恐怖体験を厭わない志願者数名を対象にした「吊り下げ式空中捕獲装置（SCAD）ダイビング」というものだ。[10]イーグルマンは、被験者がそれぞれ身につけていた実験用の時計を分析し、「時間の進み方が遅くなると感じる現象が起きる原因は、体験そのものではなく、体験の記憶だ」と結論づけた。

彼の理論によると、いわゆる「恐怖状態」のときにある人間の脳は、通常よりもはるかに多くの情報を取り入れる。そしてそのため、当時の経験を詳細に記憶している。つまり時間の進み方が遅くなるように感じられるのは、「脳がその出来事の記憶を処理する方法」にまさに関係していたというわけだ。

これとは別に、フランスのブレーズ・パスカル大学のシルヴィ・ドロワ＝ヴォレと、ポワティエ大学のサンドリーヌ・ギルによる研究でも、「極度の恐怖を経験した人が時間の進み方が遅くなったように感じるのは、人間に備わる『体内時計』の変化によるものだ」という似たような説が立てられている。[11]

この実験の被験者たちは、作品ごとに異なる感情に訴えかけてくる3種類の映画の一部を見て、そのなかで特定の出来事が継続していた時間を推測するよう求められた。すると、恐怖に満ちた映画を見たあとは、被験者たちはそのなかの出来事を実際よりも長く感じていたという。

両研究者は「被験者たちがほかの2種類の映画を見たあとは、そうした時間の感覚の歪みがなかったことから、『時間の進み方が遅くなる』ことの引き金は恐怖だ」と結論づけた。

そして、なぜこういう現象が起きるのかについて、「時間の進み方がゆっくりに感じられるという経験は、生理的なものであると同時に感覚的なものだからではないか」と分析している。

つまり、「血圧の上昇」「瞳孔の散大」「『戦うか逃げるか反応』を起こす物質が血液中に分泌される」ような恐怖を感じたときの生理反応で体が興奮状態になり、体内時計の進み方が速くなる。そのため「体の外の時間」が遅くなったように感じられるというわけだ。

これらの説はたしかに興味深いが、さらなる解明が必要だと思われる疑問点もある。

私自身にとって、「恐怖を感じる」のと「危険を察知する」のは別物だ。私の経験では、深夜に家のなかで聞こえる音といったものに恐怖を感じても、時間の進み方が遅くなる気はしない。

一方、運転している車が操縦不能になるといった極度の危険を察知したときは、「フロー」「ゾーンに入る」「ザ・ナウ」状態のアスリートたちと同じく、時間の進み方が遅くなったように感じられるのだ。

ダニエル・C・デネットとマーセル・キンズボーンの研究は、「時間の進み方が遅くなるように感じられるのは、単に記憶や分泌物によるものだけではない」という、私のこの見解の裏づけになるかもしれない。

時間が進むのが遅く感じられる理由を探るために、彼らは共著論文〝Time and the Observer: The Where and When of Consciousness in the Brain〟（時間と観察者——意識は脳のどこにあり、いつはたらいているのか）で、人間の「目と神経、脳」は見たものをどのように処理しているかを調べている。[12]

そして、「脳は処理速度を速めるためにできたフィードバックループを利用して、視覚情報を処理している」という説を立てた。

このフィードバックループは「このあと見ると思われるもの」について、視神経を迂回して網膜を通じて目に直接指示する。

これは危険に直面して大量の情報を急いで処理しなければならないといったときに起きるもので、その場合、脳は画像をばらばらの順序で処理することがある。

すると、人は目にしている出来事のなかで、時間の進み方がスローモーションのようにゆっくり感じられたりするようになる。

デネットとキンズボーンの結論は、「人は客観的な時間の進み方を実際に遅くしているわけではない」ものの、彼らの研究は「時間の速さに対する人間の感覚は変化しうるもの」であることも示している。

さらに、この研究の論理的な結論から考えられるのは、人間が感じる時間の流れの速さは、（量子論で登場した）観測者が「このあと観測するであろうもの」に何らかの影響を受けているということだ。

私自身、つい最近命の危険を感じる出来事を経験した。

幹線道路を時速110キロほどで運転していたとき、2台前のトラックの荷台から自転車が落下して、周囲の車が慌てて大きく左右に避《よ》けようとしているのが見えた。

そして私の車のフロントガラスに自転車が迫ってくるのが目に入ったとき、時間の進み方がゆっくりになり、その後、自転車は道路に転がっていた。

私が運転していた車が自転車を避けたのか、自転車を踏んづけたのか、あるいは「自転車を通り抜けた」のか、そのとき何が起きたのかを説明する術《すべ》はいまもないままだ。最後に見たのは、バックミラーに映った「道路に転がっている自転車の姿」だけだ。思い返せば、あのとき恐怖を感じる余裕はなかった。

だが、私は間違いなく危険に直面していた。

つまり、この事態が起きていたほんの一瞬のあいだに、まわりの出来事に対する私の認識能力はより高い次元で覚醒していたのだ。

私が到達したこの段階には、「集中力が大いに高まる」「高い能力が発揮できる」「気分が高揚して前向きになる」「達成感が満たされる」「自己意識が薄れる」、そしてその後に訪れる「自己超越感」という「フロー」「ゾーンに入る」「ザ・ナウ」を特徴づけるすべての要素が含まれていた[13]。

警察署長のジムも、同じような体験談を語ってくれた。

1983年、ジムは南カリフォルニア警察署で、麻薬捜査を行う覆面捜査官の任務に就いていた。ある平日の午前10時ごろ、ジムは同僚の捜査官とともに、早朝に逮捕した容疑者を取り調べていた。

途中、ジムがいったん取調室から出ると、近所のピザレストランで武装強盗事件が起きている最中だと知らされた。ジムは現場に行くと同僚の捜査官に言い残すと、ほんの数ブロック先のピザレストランに車で向かった。

現場に到着したジムは、この強盗犯たちは過去に何件もの武装強盗をはたらき、最近では取り締まりで車を止めたハイウェイパトロール警察官を、銃撃した奴らだと知った。

犯人たちは営業前のレストランに押し入り、すべての従業員を大型の冷蔵庫に閉じ込めていた。ただし、ひとりを除いて。犯人たちに見つからなかったその従業員は、何とか電話で警察に通報したのだ。

ジムが建物に向かっていると、武装強盗犯たちがピザレストランの裏口から出ていこうとしているのが見えた。そして、裏口の通路に背を向けて立つ別の警察官も見えた。

停車中の大型トレーラーの陰にジムが隠れようとしているあいだに、犯人たちはその警察官を見つけて発砲し、犯人グループのうち2名は建物内に戻った。

ちなみに残りの1名は近くのボウリング場に逃げ込み、のちにそこで捕まった。

しばらくすると、ピザレストランに戻った2名のうち1名が、片手に現金入りの袋を持ち、もう片手に銃を手にして姿を現した。

　そのとき銃は、犯人めがけて走る警察官に向けられていた。


　ジム本人の話によると、彼が身を隠すために大型トレーラーの下に潜り込んだ瞬間、時間の流れが遅くなったそうだ。そして、銃を抜いて「警察だ。銃を捨てて、動くな」と叫んだときには、時間が完全に止まったように思えたという。

　ジムは3回発砲した。まず気づいたのは、発射音が大してしなかったことだ。いいや、それどころか、音はほとんど聞こえなかった。当時の記憶のなかのジムは、自分自身の後ろに立っていて、その右肩越しに銃と遠くの犯人を見ていたという。

　そして引き金を引きながら、まわりの動きが明らかに遅いのを感じていた。銃は半自動式拳銃で、発砲するたびに上部のスライドが前後に動き、空薬莢《からやっきょう》が排出される。

　ジムは、スライドがスローモーションのようにゆっくり動き、薬莢がゆっくりと飛び出す光景をいまも覚えている。それと同時に、引き金を引いて発砲するたびに、発射の衝撃で自身の右腕と右肩がスローモーションで前後に揺れた感覚もだ。

　ジムが放った3発目が脚に命中して、犯人は倒れた。

　ジムがトレーラーの下から走り出た瞬間、時間の流れは元に戻ったという。

ジムはのちに当時を振り返って、あのとき時間や音の流れ方がゆっくりになったと感じた以外のことも思い出した。

通常、射撃場で使われるような、発砲時の大音量から耳を守るイヤープロテクターをしていなかったにもかかわらず、耳鳴りがまったく起きなかったのだ。

「フロー」「ゾーンに入る」「ザ・ナウ」「危険な状態」などと呼び名はさまざまでも、これらの言葉はみな、まるで古典物理学の法則が変化した、あるいはまったく成り立たなくなったかのようにさえ思える「より高い次元での覚醒」という特別な状態を表している。

人間は「超越した感覚」というこの特別な状態に、非常にうまく到達できるようだが、それでも大半の人は意図的にこの状態に辿り着くこともできなければ、その状態を加減することもできない。

次の章では、自身の脳を使ってこの状態に「自ら到達する方法」を解説する。

第5章

「超越した感覚」における脳波

——5つの脳波

専門分野の高度な訓練を受けた人々、あるいは重大な危険に直面した人々が、極度に高まった感覚を抱いて、最高の集中力を発揮するというのは理にかなっている。

だが、「超越した感覚」というこの特別な状態に、果たして誰でも自由に到達できるようになれるものなのだろうか?

この疑問に対する私の答えは「イエス」であり、その鍵となるのは「脳波状態」だと考えている。

脳波は思考や感情によって生じた脳の「電気活動」を示していて、そのどれもが同じ神経回路を伝わっていく。[1]

この脳内の電気活動は「脳波記録法（ＥＥＧ）」の技術によって、紙やコンピューター画面上に波形として表示される。

ＥＥＧによる記録は、科学的に測定できるものを示しているので、脳波は「人の経験に関する重要な情報」を与えてくれる。

ただし、人間の集中の度合いの「細かい加減や変化」に、脳波がどう対応しているかを調べられるほど細かく測定できるようになったのは、つい最近のことだ。

私は以前、異なる周波数の脳波がそれぞれ異なる種類の経験にどう対応しているかを調べるために、アリゾナ州セドナのバイオサイバーノート研究所で行われた1週間の実験教室に参加したことがある。

それは、私を含む受講者が与えられた課題をこなしているあいだに出しているさまざまな種類の脳波を、研究者が測定するというものだ。

通常、神経科学で観察および分析されるのは、周波数が異なる5種類の脳波「ベータ波」「アルファ波」「シータ波」「デルタ波」「ガンマ波」だ。

そして人が出している脳波は、頭に装着する特殊なセンサーによって測定できる。

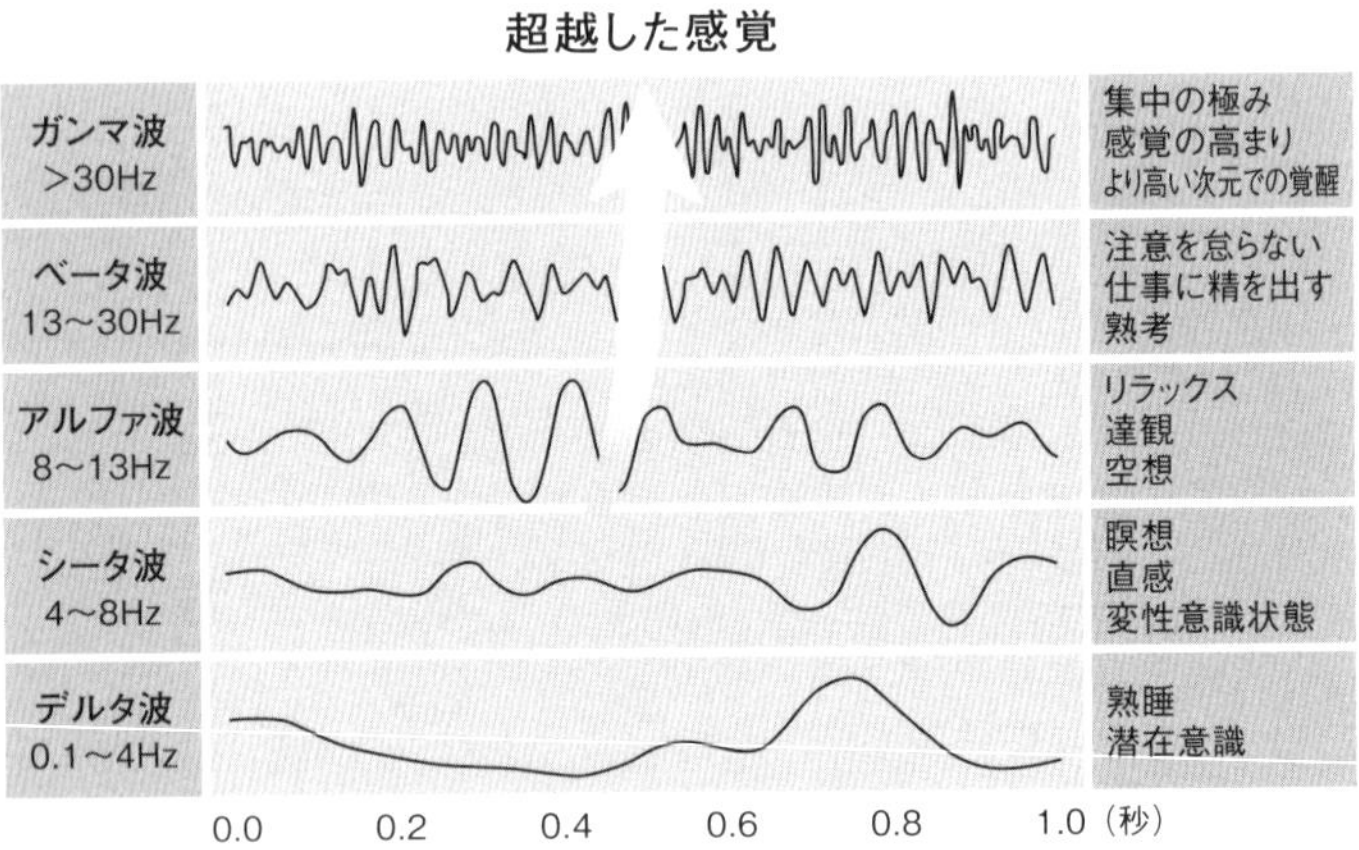

「超越した感覚」状態の脳波の周波数

もし被験者本人が測定中のフィードバックをリアルタイムで確認できるのなら、被験者は自身の思考や感情を意図的に加減して、生じる脳波を変化させることもできるだろう。

この研究所でも導入されていた脳波の表示・観察用機器を使えば、私も調べてもらったように、自身の脳がはたらくなかで各周波数の脳波がどんな役割を担っているのかがわかる。上の図は、脳波の種類を周波数が高い順に並べたものだ。

バイオサイバーノート研究所では、光と音を利用した即時のフィードバックによって、自分がどんな種類の脳波を出しているかわかるようになっていた。

それを見た私は、自身の集中状態や気持ちと、出ている脳波パターンとの相関関係を把握できれば、頭につけられた脳センサーで記録されるデータから、私個人の「脳波指標」が得られることにすぐに気づいた。

たとえば、愛する気持ちを積極的に思い浮かべたら「アルファ波」が出た。

あるいは、家に戻ってやらなければならないことをできる限り思いつこうとして、必死に頭をフル回転させたら「ベータ波」が生じた。

こうしたフィードバックによって、私はほぼすべての種類の脳波を意図的に出せるようになった。

また各実験後には、時間ごとの脳波の記録を見ることができたので、実験中に行っていた特定の課題の最中に、自分がどんな脳波を出していたのかもわかった。

そして、「何に集中するかを変えると、脳波の状態も変化する」ことが判明した。

注意を怠らない「ベータ波」

それぞれの周波数の脳波が、どういう場合に生じるのかを、まずは大抵の人が日常生活で最も多く経験している「ベータ波（約13～30Hzの範囲）」の状態から見ていこう。

この脳波は「意識、理性、論理、活発な思考過程」を示している。

この脳波が出る行動の主な例は、「注意を怠らない」「仕事に精を出している」「夢中で考えている」といった状況だ。

私が参加した実験を通じてわかったのは、通常「マルチタスク」と呼ばれるようなより複雑な課題に取り組むと、この脳波が出る状態により速く到達できることだ。

■ベータ波の状態に到達するためのメンタルトレーニング

1 明日または来週やらなければならないことを考えて、頭のなかでリストをつくる
2 リストができたら、すべての項目を覚える
3 リストをつくりすべての項目を覚えたら、頭のなかでリストを思い出して確認する

リラックスしてじっくりと考える「アルファ波」

注意を怠らないベータ波状態とは対照的に、「アルファ波（約8～13Hzの範囲）」は、起きているがゆっくりと休んでいる状態を示している。

たとえば仕事をひと休みして散歩に出ると、ベータ波からアルファ波の状態に移る。

このように、アルファ波は主に「リラックスする」「達観する」「空想する」といった場合に生じる。また、この状態は何かを思い浮かべる「視覚化」に最適だ。

私の場合、努めてリラックスして愛情や幸福に満ちた気分を抱こうとすると、アルファ波の状態に移れることがわかった。

アルファ波の状態に到達するためのメンタルトレーニング

1 静かに座って目を閉じる
2 自分が愛するものや人、大好きな場所などについてじっくりと考える
3 それらを心の目で思い描く
4 その想像のなかに自分も入り込んで、愛するものを手にしたり、触ったり、大好きな場所で何かを経験したりしている気分になる
5 自分自身が無限に大きくなって宇宙に広がっていく姿を想像する
6 心地よさを感じつつ、この想像を続ける。心の準備ができたら、ゆっくり目を開ける

瞑想と直感「シータ波」

バイオサイバーノート研究所での実験中、私は意図的にベータ波からアルファ波の状態に移ることができるようになったが、その後、シータ波も出せるようになった。

「シータ波（約4～8Hzの範囲）」は、主に覚醒と睡眠のあいだの状態に生じ、「瞑想」「直感」「変性意識状態」に関連している。

単調な道を長時間運転していると、シータ波の状態に入っているかもしれない。

あるいは、「ランナーズハイ」とよくいわれる「精神的にリラックスした状態」に入ったランナーたちからも、シータ波が出ている可能性が高い。

■シータ波の状態に到達するためのメンタルトレーニング

1 邪魔されない静かな場所で、ゆったりと座る。目を閉じる

2 頭のてっぺんからつま先まで順に触れて、自分の体をリラックスさせる

3 次に自分の呼吸に集中し、それ以外のことは一切考えないようにする

4　ひたすら自分の呼吸に集中する
5　息が出ては入っていくのを意識する
6　夜まぶたが重くなってまわりが静かでぼんやりしてくる、眠りにつく直前の気分を想像する
7　心地よさを感じつつ、この想像を続ける。心の準備ができたら、ゆっくり目を開ける

深い無意識の眠り「デルタ波」

周波数が最も低い脳波状態である「デルタ波（約0・1〜4Hzの範囲）」は、回復のための深い睡眠中に生じることが多い。

デルタ波が最も多く出ているのは、無意識状態で脳が処理を行っているときだ。

デルタ波は、潜在意識に加えて、脳の理性的な領域が危険を察知する前に危険を知らせる原始的な感知能力を有する「爬虫類脳」に関係しているともいわれている。

子ども、あるいは重度のＡＤＨＤ患者を除いては、大抵の人は起きているあいだにデル

タ波が出るような行動をすることはまずない[2]。

■デルタ波の状態に到達するためのメンタルトレーニング

・寝ること（デルタ波はレム睡眠中に生じるため、熟睡すればデルタ波が出る可能性が高くなる）

超越した感覚「ガンマ波」

最後に紹介する「ガンマ波（約30Hz以上の範囲）」は、脳波の測定で最も周波数が高く、「集中の極み」「感覚の高まり」「より高い次元での覚醒」と関係している。

「サマーディ（三昧）[3]」といった超越体験中に現れると考えられているこのガンマ波は、瞑想をはじめとする修行で到達できる「極度の集中状態」の最中に生じる可能性が高い。

チベット仏教の僧侶を対象にした実験では、超越的な精神状態とガンマ波との相関関係が示された。さらに、ガンマ波が脳から出ていること自体が、「意識の一体化」という特異点への到達を示しているという説もある。[4]

バイオサイバーノート研究所で深い瞑想中の私の脳波を測定したとき、ガンマ波が出ていることがわかった。そのしきの私は、周囲で何が起きているかを完全に把握できる状態でもあった。

ガンマ波の状態に到達するためのメンタルトレーニング

1　邪魔されない静かな場所で、ゆったりと座る。目を閉じる
2　自分の呼吸に集中し、それ以外のことは一切考えないようにする
3　人生のパートナーや友人、子ども、ペットといった、自分の人生において感謝したい誰かや何かを思い浮かべる
4　思い浮かべたものに対して、「感謝の気持ちを伝えたい」と心のなかで唱える
5　次に、自分自身を心の目で見る
6　自分に対して、「感謝の気持ちを伝えたい」と心のなかで唱える
7　次に、自分の人生を取り巻く、より大きなものを心の目で見る
8　思い浮かべたものに対して、「感謝の気持ちを伝えたい」と心のなかで唱える

9 胸の真ん中にある心の場所に集中しながら、強い感謝の気持ちを心のなかからあふれださせるようにする

10 自分の人生のなかで自身が愛する人や何かを再度思い浮かべて、この気持ちをさらに強くする

11 この愛する気持ちを体じゅうから頭へ送り、頭のてっぺんから無限の高みへと上昇させつづける

12 心地よさを感じつつ、この感覚を持ちつづける。心の準備ができたら、ゆっくり目を開ける

なぜこの「感謝のメンタルトレーニング」でガンマ波の状態に到達できるのかというと、自分が愛するもの、自分自身、自分の人生を同時に見つめると、瞑想状態に入れるからだ。

しかも、感謝は思考、つまり「認知機能の最高のかたち」であるとされていることから「超越した感覚」状態をもたらす可能性が最も高いのは、「頭は常に注意を怠らず、体は非常にリラックスしている」という「覚醒と瞑想の2つを融合させた状態」であることがわかる。

この状態は、「ベータ波（注意を怠らない）」「アルファ波（精神的にリラックスしている）」「シータ波（瞑想状態）」、そして「ガンマ波（集中の極み）」といったさまざまな脳波の状態が融合して、より高い次元での「覚醒状態」をつくりだしたときに自然にもたらされる可能性が高い。

こうした覚醒状態は、最高レベルの能力を発揮している最中のアスリート、命の危険に直面している人といった、何らかの理由で「ゾーンに入る」「フロー」「ザ・ナウ」、そして私が「超越した感覚」と呼んでいる状態に入った人々がまさに経験していることだ。

私と同じくバイオサイバーノート研究所の実験教室に参加したアンソニーは、そのときの経験を次のように語っている。

私がバイオサイバーノート研究所で得た、人生の転機になりそうなほどの大きな収穫は、「そこ」に到達するには「考える」のではなく「感じる」ことが必要だという気づきです。

センサー装着中に考えていたときは、非常に抑圧された状態に陥ってしまい、特定の脳波を意図的に出すことなどできませんでした。しかし、感じること、特に自分がどんどん大きく広がっている状態を感じるように心がけると、脳と心がつながりあって、自分がまさに「いまこの瞬間」にいると確信できるようになりました。

そしてメンタルトレーニングによって、考えること（ベータ波の状態）から感じること（アルファ波、シータ波、ガンマ波の状態）への転換がうまくできるようになると、私の人生に変化が起きました。「いまこの瞬間に存在している」ことが、ますます増えたのです。

「感じる」ことには時間の要素がないので、私は時間を気にせずに、日常生活の大半を「いまこの瞬間に存在している」ことに充てられるようになりました。

PART2で紹介している手法を取り入れれば、あなたもこの「超越した感覚」状態に意図的に入れるようになる。そして同時に、それによってあなた自身の人生を大きく変えることができるかもしれない。

では、どうすればいいのだろう？

まずは、脳を使うことから始めよう（アンソニーが教えてくれたように、これはただ「考える」ことを意味するわけではない）。

人間の脳は、「電場《でんば》」を発生させる神経細胞でできている。

電場とは、検知用の機器によって、脳波として表示されるものだ。脳が自然に発生させるこの場こそが、思考の「源」であると考えている人も多い。またこの場は、私たちそれぞれが現実をどう捉えて、経験にするかを決定づけるものでもある。さらに、脳のこの場は電気的である（つまりエネルギーを持つ）ため、物理学と同じ科学的理論に従っている。

脳の電場全体におけるエネルギーの変化が、異なる脳の周波数として現れる。[5]

もし、量子力学が目に見える世界でも成立するという「万物の理論」の可能性を私たちが受け入れたら、「量子もつれ」「量子重ね合わせ」「観察者効果」、さらに「意識が収縮を引き起こす」という説をはじめとする量子論は、脳を司る科学的理論の分野でも成り立つかもしれない。[6]

そしてこの議論は、量子生物学といった新たな分野での研究でますます盛んになっているうえ、まさに科学の最先端ともいえる「次の問い」を投げかけている。[7]

「人間の脳は、観察者効果にどの程度関与しているのだろうか？」

「観察が波動関数を収縮させて波が粒子になる量子過程において、人間の脳はどんな役割を果たしているのだろう？」

もしかしたら、「波」と「粒子」は常にまったく同じものだが、それがわかるほど精密な機器を私たち人間がまだつくりだせていないだけなのかもしれない。

あるいは観察とは、「観察者の脳」と「観察されている対象」との量子もつれによる、ある種のエネルギー移動なのかもしれない。

いつか発見できるかもしれない正確な仕組みがどんなものであろうと、少なくともいまわかっているのは、私たちは何かに集中するために「脳を使って脳波の状態を変え」、それによって「自身の感覚を変化させ」て、「驚くべき結果を出せる」可能性を持っているということだ。

時間を伸ばす方法

この可能性に挑戦するために、あなたの時間の「捉え方」だけでなく、「時計が示している実時間とのかかわりまでをも変えるメンタルトレーニング」を行ってみよう。

1970年代、チェコスロバキア出身の科学者イツァク・ベントフは、ごく普通の人が「時間を超える状態」、つまり「超越した感覚」状態に入って、普通のアナログ時計の秒針の「歩みが遅くなる」、または「完全に止まる」のを目撃する実験に成功したと記録している。次のやり方で、あなたも試してみよう。

1 秒針がついた時計か腕時計がよく見える位置にゆったりと座り、時計に顔を近づけて秒針の位置を確認する

2 時計が目の前にある状態で、頭は動かさずに視線をできる限り右か左に移して、時計が目に入らないようにする動作を繰り返す。もし意図的に視界をぼやけさせて時計の文字盤から焦点を外せるのならば、その方法でもいい。これを短いあいだ行ったあとに、視線を元に戻して文字盤をしっかりと見る

3 視線を外すまたはぼかす、視線を元に戻してしっかりと見つめる、という動作が自然にできるようになるまで繰り返す

4 次に、「大好きな場所」「生まれたばかりの我が子を初めて抱っこしたとき」「忘れられないキス」といった、自分自身がかかわった出来事の鮮明な長時間の記憶を、頭のなかで感動的な映画を流すように思い起こす

5 その後時計をふたたび見ると、秒針が動いていないように見えて驚く人が多い。場合によっては、秒針が戻ることさえある。あなたが物思いにふけっていたあの一瞬のあいだに、時間は目に見えて歩みが遅くなったのだ

もしこのメンタルトレーニングで秒針の歩みを遅くしたり止めたりできるようになったのであれば、それは科学者たちが「クロノスタシス」と呼ぶ現象を経験できるほど、あなたは十分に精神集中ができていたからだろう。

この現象を医学的に説明すると、次のようになる。

すばやく視線を移して「ある脳波の状態」（感動的な記憶を思い起こす）から、「別の脳波の状態」（極度の集中）に入ると、そうした大きく異なる状態間での移動のたびに脳が自動的に視覚を抑制する。

すると、網膜上に結ばれた像の見え方が変化せざるをえないため、まわりがぼやけて見える。そして移動が終わると、脳は視線の移動中に「失われた分の像」を、目の前にある「新たな像」に置き換えるというわけだ（この場合は、新たに見た秒針の像が長く続いて、止まっているように見える）。

人間の脳は非常に優れているため、私たちは秒針がついた時計のように時間を明確に示すものがあるとき以外は、通常はこの現象が気にならない。

だが脳内では、あなたはいままさに時間の歩みを遅くしたのだ。

この医学的考察は、多くの科学者たちに支持されている。

だがそれを踏まえたうえで、次のようにあえて異なる解釈を提示したい。

各脳波の特徴から見れば、「目を閉じて、リラックスできる大好きなことをして過ごしている自分を思い浮かべる」という作業によって、「ベータ波」が出る日常生活時の意識状態から、もっとリラックスした「アルファ波」状態へ移る。

さらに、時計や腕時計の秒針が刻む単調なリズムを確認しながら動きを追うことで、瞑想が「感覚ははっきりしていながらもリラックスしていて、あらゆるものから解き放たれて達観した気分になる」という、より深い状態へ入る可能性が高まる。

そして、その後しばらくすれば、「瞑想、直感、変性意識」状態に関連する「シータ波」の状態に到達するだろう。

そうして、起きたままの状態で自分の感覚をフルに生かし、好きなことをして過ごしている自分を想像してその気分に浸りつづければ、「ベータ波」「アルファ波」「シータ波」の状態が一体化した、「より高い次元で覚醒した、超越した感覚」状態へと辿り着ける。

このときのあなたは、精神的な集中力を保ちつづけているので、目をほんの少しだけゆっくりと開けて関心なさそうに時計の文字盤にちらりと目をやると、秒針が止まっている、あるいは逆方向に進んでいるようにさえ見えるという「より高い次元での覚醒状態」

に自分がいることがすぐにわかるはずだ。

このより高い次元に到達したあなたの脳からは、「超越した感覚」と同様の状態である「ゾーンに入る」「フロー」「ザ・ナウ」と関連している「ガンマ波」が出ている可能性が高い。

要するに、あなたがいまやり遂げたのは、「深い瞑想状態への到達」だ。

そして、その瞑想状態のなかで時計の秒針を見ることで、あなたはこの状態が「時間の捉え方を変える」ものであることを、自分自身に示せたのだ。

この瞑想状態に、もっと簡単に入れる方法もある。

まず静かに座って、自分のまわりの心地よさそうなものや、興味深そうなものに注意を向ける。次に、自分のまわりの新しいものを積極的に探す。

この簡単なメンタルトレーニングだけでも気分が高まって、脳で「アルファ波」や「シータ波」が生じるきっかけになる。

まだ詳しい仕組みは解明されていないが、この高い次元での覚醒状態における「脳波」と、時間を超える「経験」との「相関関係」を示す証拠は、すでに数多く集まっている。

私たちがもっとうまくこの脳波の状態を意図的につくれるようになれば、日々の生活で量子の世界がどんな役割を果たしているのかを、ようやく理解できるようになるのかもしれない。

そしてそのときが来たら、「万物の理論」の正当性が立証されるだけでなく、それに従って生きることになるだろう。

私にとってこの問題はもはや「そのときが来るのか来ないのか」ではなく、「そのときがいつ来るのか」だ。

とりあえずいまのところは、時間をゴムひもみたいに伸ばせるようになる「超越した感覚」状態に、よりいっそう簡単に入れる方法を身につけることを目指そう。

PART2では「自身の脳波の状態を変える」「時間の捉え方を変える」、そして「驚くべき光景をつくりだす目に見えないものの一部として、あなた自身が積極的な役割を果たす」ための手法を学んでいく。

Master Your Experience of Time

PART 2

時間を操る手法を極める

第6章

「超越した感覚」状態をつくりだす

――瞑想

私は20代のころ、自分の人生で何が大切なのかがすっかりわからなくなっていた。

そして、やらなければならない物事をこなすことなどどうでもよくなったばかりか、そもそもなぜ自分はこの世に存在しているんだろうとさえ感じていた。

まるで、ひとりぼっちの迷子のように。

この気持ちを男友達に打ち明けると、「瞑想に挑戦したら？」と勧めてくれた。

そこで瞑想についていろいろ調べて、非常に簡単な瞑想法である「超越瞑想（ＴＭ）法」を学ぶことにした。

この方法を編み出したインド人物理学者は、瞑想を誰でも習得できるよう簡略化して、西洋社会に広めた。TM法では1日2回、瞑想者が心のなかでマントラ（サンスクリット語の「秘密の言葉」）を唱えながら、20分間瞑想する。

瞑想を実践しはじめて私がまず気になったのは、さまざまな思いが次々と生じて、それが頭のなかで絶え間ない声となって鳴り響くことだった。

それらの思いは、自分自身や自分がやるべきことについてだけでなく、まわりで起きていることの感想にまで及んでいた。

その後しばらくして、そうした思考や感情にとらわれない方法を考え出すことで、この「心猿《しんえん》（訳注：猿のようにそわそわして落ち着きのない心）」を静められるようになった。

瞑想中に頭にひっきりなしに浮かんでくるものに固執しなければしないほど、ひたすら考えなくてもよくなったのだ。

そして、そうした思考や感情が生じるたびに追い払うことで、「深い洞察」「問題への解決策」といった「もっと深いもの」が頭のなかに生まれる余地ができて、自分が自身よりも大きなものに属していると思える「真の超越体験」を得られるようになった。

30年間瞑想を実践してきた現在では、マントラを唱えて瞑想を始めると、すぐさま何の思考や感情も生じない深い静穏状態へ入ることができる。

たとえ頭のなかで思考や感情が生じたり、まわりで何か起きていることに気づいたりしても、ちらりと心に留めておいて、すぐさま平穏な心の状態、つまり「瞑想状態」に戻れるのだ。


では、この「瞑想状態」とはどんな状態だろうか？

これはある意味、「いままさにこの瞬間にいる」ということだ。

これは「いまこの瞬間を意識する、または感じる」ことで到達できる精神状態だが、大半の人にとっては辿り着くのがとても難しい。

私たちは過去の痛みや将来への不安にとらわれたり、あるいは現実逃避のためにつくりだした幻想にはまってしまったりしがちだからだ。

「いまこの瞬間」や「いままさに起きていること」にきちんと向き合う術を身につけることは、時間を操るためだけでなく自分自身に打ち勝つための第一歩だ。

そして目指すべきこの状態は、本書で「超越した感覚」と呼んできたものだ。

この状態に入ると、自身の思考や感情を評価抜きで観察できるようになる。

つまり、そうした思考や感情はただ自分の意識のなかに存在して通りすぎていくものにすぎず、それらに対する「良い」や「悪い」といった判断は不要だと思えるようになる。

こうした「客観的な観察」が行えると、これまで以上に余計な考えに流されなくなるため、「平静さ」「頭脳の明晰さ」「集中力」が高まる。

さらに、瞑想は時間の捉え方を変化させるために、効果的な脳波の状態をつくりだす。

「不安やストレスの減少」「記憶力の向上」「集中力の強化」「感情的な反応の減少」「自己洞察力や道徳心、直感力の向上」といった瞑想の科学的な効用は、数多くの文献で十分に裏づけられている。

また、シータ波やデルタ波といった種類の脳波が、より顕著に出るようになる。

これらの脳波の状態では、「創造的なひらめきを得る」「忘れていた記憶が蘇る」「自分が夢の内容を操れる『明晰夢』を見る」といった可能性が高まる。

さらに瞑想は、集中できずに考えがさまよったり、自分自身についてあれこれ思い悩んだりする原因となる「ずっと考えつづけている、猿のようにそわそわして落ち着きのない心（心猿の状態）」をつくりだす脳活動を減少させることも、研究で明らかになっている。[1]

肉体的な効用についての記録も多い。

たとえば最近のある研究では、長期間（20年以上の実践経験）瞑想を行ってきた人は、瞑想経験がない人に比べて高齢化による脳の衰えが少ないことが示された。

さらに瞑想は、学習や記憶、感情の制御を司る脳の主要領域の容量を拡大し、恐怖や不安、ストレスを司る領域の容量を小さくするらしいことも判明している。[2]

だが、そうした有効性が知られているにもかかわらず、それらの多くの効用がもたらされる理由についての科学的説明は、まだほとんど行われていない。

意識は「量子力学」によって存在する

瞑想の効用の多くは、脳の仕組みや、思考がどこから来てどのように生じるかに関連しているはずだ。

それにともなって浮かび上がってくるのは、科学分野では「意識の難問《ハード・プロブレム》」とも呼ばれる意識の問題だ。[3]

意識が「ハード・プロブレム」であるのは、物理的な脳の処理も属する「物質世界」と、心と思考、感情が属する「精神世界」には、とうてい埋められそうにない溝があるからだ。

たとえば、思考はどこから来るのだろう？

あるいは、私たちはなぜ「○○になったような気がする」という感覚を抱くのだろう？

心と思考、感情が属するこの「精神世界」こそが、私たちが「意識」として捉えているものだ。

意識がどこからやってきてどのようにはたらくのか、すでに解明したと主張する科学者も一部にはいるが、「人間はそうした問題の答えの上っ面をなでることさえ、まだできていない」と考えている科学者も多い。

そんなわけで研究者たちは、意識の謎を明らかにするために、量子物理学の謎にますます注目している。

１００年以上前に観察者効果という現象が発見されたことで、意識が存在するという証拠は、量子論にあると一部ではすでにみなされていた。そして、意識を量子論のきわめて重要な要素と考えるべきだと結論づけた科学者もいた。

その一方で、アインシュタインをはじめとするほかの科学者たちは、そうはみなさなかった。それは「たとえ私が見ていなくても、月がそこにあると思いたい」というアインシュタインの言葉にも表れている。

だが、ノーベル賞受賞者でもある物理学者ロジャー・ペンローズは、アインシュタインとはまったく対照的に、次のように論じている。

「意識と量子力学は影響を及ぼしあうどころか、意識は量子力学によって成り立っている」[4]

ペンローズの主張は、観察者効果への「粒子の反応」とまったく同じように、量子力学の事象に反応して「状態が変化する分子構造」が人間の脳に存在しているというものだ。[5]

これに対して科学界で反論が起きたが、ペンローズはいまなおまったく動じていない。

しかもペンローズの研究以降、ほかの科学者たちも「渡り鳥は目的地に迷わずに辿り着くために、量子力学を利用している」といった「生物に対する量子効果の証拠」を発見している。[6]

つまり、量子論が意識の解明につながるという決定的な証拠はまだないとはいえ、観察者効果といった確認された現象が、意識の純粋に物理的な定義だけですべて説明できるとは、やはり信じがたいということなのだ。

意識は、私たちの現実のすべてをつくりだしているわけではないかもしれないが（ここでの「現実」とは、測定可能なものを意味している）、もし現実が物理的なものであると同時に感覚的なものであるならば、意識がマクロな世界における私たちの日常で起こりうる結果の見込みに、影響を及ぼす一因であることはたしかだ。

では、意識と観察者効果についてのこの議論は、瞑想とどう関係しているのだろう？

実際の例を紹介しよう。

あるとき、私は観察者効果と「意識が収縮を引き起こす」ことの科学的な根拠を、友人の科学者アンナに説明した。

アンナは考え方は理解したが、量子の世界についてわかったことと、彼女自身の日常での経験には、まだ大きな隔たりがあると感じていた。

つまり彼女は、日常生活での意識的な思考による経験から、量子物理学の原理に則った世界の仕組みのなかでのより奥深い経験へと、うまく飛躍する自信が持てなかったのだ。

その新たな経験に達するために、私はアンナにある瞑想法をまず実践するようアドバイスした（その手法はこのあと解説する）。

そして、この手法が「ゾーンに入る」「フロー」「ザ・ナウ」とも呼ばれる、「超越した感覚」状態に入るための最も簡単なやり方であるとも伝えた。

するとその翌週、アンナは驚きの結果が得られたという報告とともに、次のように語ってくれた。

「自分自身という感覚が、あらゆる方向に広がったように思えました。自分が思考と感情だけでできているかのような生き方をしていたことに、これまでまったく気づいていませんでした。

でも、あなたが教えてくれた手法を実践すると、自分のなかには思考と感情よりも大きな部分があって、そこから自身の思考と感情を見つめられることに気づきました。

私は自分のなかの『聖なるものと結びついている、常に平穏な部分』を捉えることができるようになったのです」


アンナが「聖なるものと結びついている」と呼んでいるのは、いわゆる人間にとっての観察者効果に相当するものなのかもしれない。

この経験は「一体感」「調和」「平穏」「超越」などと言い表されていて、それはまさに私が「超越した感覚」状態と呼んでいるものだ。

彼女が語ったように、自分のなかに浮かんでくる思考や感情を、それらにとらわれることなく見て取れれば、自分自身をより大きいものとして捉えられるようになる。

そうすると、自分は自身の思考と感情だけでできているわけではないと、気づけるかもしれない。

そしてさらに、物理学で明らかになった観察者と同様の、自身の思考や感情を眺める観察者に、自分がなれたことがわかるかもしれない。

次に紹介するのは、これまで解説してきた「科学を最大限に生かした」簡単な瞑想法だ。

あなたもこの手法を実践すれば、時間を操るためにきわめて重要な「いまこの瞬間に存在している」ことを実感できるだけでなく、「起きている最中の集中力の向上」「記憶力と学習能力の強化」「不安や心配の減少」「自己言及的な『私』思考に関連した脳活動の減少」といった効果も得られる。

なかでも最大の効果は、時間の捉え方を変えるうえできわめて重要であり、このあと紹介するすべての手法の基礎にもなる「超越した感覚」状態を実現する脳波を出せるようになることだ。

「超越した感覚」に入るメンタルトレーニング[7]

このメンタルトレーニングは目を閉じる、電気を消す、アイマスクをするなどして、暗いなかで行うこと。

まず、足を組んで床にゆったりと座る（この姿勢は通常「蓮華座《れんげざ》」と呼ばれている）。

両手は手の平を上にして膝に置く。もしこの姿勢がつらければ、小さいクッションの上に座って足を組むか、壁にもたれて座り、足を前に伸ばす。

次に、自分の頭がいまどんなふうにはたらいているかを見て取る。

過去に起きた何かを思い出しているのだろうか？

将来何かを起こそうと計画しているのだろうか？

まわりのことに注意を払っているのだろうか？

そうした思考がただ浮かぶままにしておいて、自分の呼吸に集中する。

鼻から息を吸って、口から吐く呼吸を始める。息を吐くときは、煙や霧が口から出ていく光景を思い浮かべながら、吸ったときの倍の時間をかける。

次に息を吐くときは、目をつぶったまま数字の3を思い浮かべる。

その次に息を吐くときは、3が2になるのを想像する。

さらにその次に息を吐くときは、2が1になるようにする。

そして、その次に吐くときは1が0になるのを思い浮かべる。

この静かな「超越した感覚」状態を、好きなだけ長く味わう。

心の準備ができたらゆっくり目を開けるか、次のメンタルトレーニングに進もう。

■意図的に「外」に出す――高度な手法①

とはいえ、意識的な思考が浮かんでしまうのは、しかたがないことだ。

そこで、私が「子犬と子猫」と呼んでいる手法を身につければ、そうした思考を簡単に追い払える。頭のなかに何らかの思考が浮かんできたら、それを子犬や子猫といった、自分が大好きなものに変えてしまうのだ。

その思考に集中して、「子犬や子猫へと変化させたもの」を意図的に「外」に出す。

そうすることで、それらを自身の意識から取り除ける。

もし、戻ってきたらまたすぐ外に出して、戻ってこなくなるまで繰り返す。

なぜこの手法が効果的なのかというと、瞑想中に思考が浮かばないよう頑張るのは難しいからだ。

このメンタルトレーニングを続ければ、思考が浮かんでも、それにとらわれないようになれる。

私が今日やるべきことは何だっただろう？——高度な手法②

このメンタルトレーニングはこのあとのあらゆる手法の基礎になるものだが、より「深い見識や明晰さ」を身につけるための単独のメンタルトレーニングとしてもお勧めだ。「超越した感覚」状態にあるあなたは、過去に対する後悔や将来への不安にとらわれず、まさに「いまこの瞬間」に存在している。

それは、自分の思考や感情を評価抜きで観察している状態でもある。

平穏さ、明晰さ、集中力がより高まったこの状態を生かして、「私が今日やるべきことは何だっただろう？」といった「知りたかったこと」を自分自身に問いかけてみよう。

自分が求めていた「はっきりした答え」、または「達成感」が得られたら、ゆっくり目を開ける。

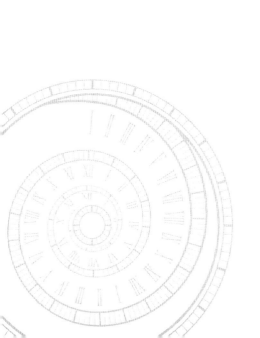

第7章

先の人生を事前に経験する

——想像力

何年も前のことだが、ニューヨークからフロリダ州に引っ越したときの話をしよう。私は当時、ニューヨークの家のテラスに設置していた屋外シャワーを、フロリダの新居でも使おうと思って、シャワー一式を自力で荷造りした。

特にシャワーとホースを接続する部品は、とりわけ念入りに梱包した。それは片側にソケットがついた、独特な形状の13センチほどのプラスチック製の管で、もしなくしてしまったらシャワー一式を買い直さないと手に入らないのではないかと思えるものだった。

フロリダに着いて引っ越し荷物の整理をしていると、外がものすごく暑くなってきた。

あの快適な屋外シャワーを使うには、うってつけのタイミングだった。

そんなわけで、私はシャワーがまだ箱に入ったまま置かれている裏庭のベランダに出た。

箱を開け、シャワー本体に粘着テープで念入りに貼りつけたはずの例の部品を探した。

だが、そこにはなかったのだ。

私はいらつきながら、ニューヨークの家のテラスにあったものをあれこれ詰めていた箱の中身を全部出して、一つひとつ確認していった。

それでも、部品はどこにもなかった。


ついにあきらめて、出かけようと戸締りをして車に向かった。

車のドアを開けて、シートに座る前に車内をちらりと見たところ、驚いたことに、例のシャワーの部品がアクセルペダルの上に載っていたのだ。

この車は、数日前にトラックで運ばれてきた。

それから毎日乗っていたが、なくなってしまったシャワー部品である、鮮やかなオレンジ色のソケットがついた13センチのプラスチック管をここで見たことは、その瞬間まで一度もなかった。

この部品は、どうやってここに辿り着いたのだろう？

私の思いが何らかのかたちでかなって、部品がここに現れたのだろうか？

それとも、すべてが私の思い違いだったのだろうか？

その答えは永遠にわからないだろう。

ここではっきりと伝えられるのは、私が部品を持って家の階段を上り、シャワーに取りつけて盛大に水を出したということだけだ。

子どものころは、自分の思いや想像力を使って、自身の内側にある「心の世界」だけでなく、外側の「現実世界」にも影響を及ぼせると信じていた人が多かったはずだ。

通常「魔法的思考」と呼ばれるこの経験については、多くの科学的研究が行われてきた。

学者のジャン・ピアジェは、「魔法的思考は、子どもの認知発達の中心となるものだ」と論じた。

つまりこの思考は、自分が世界の中心だと思う「自己中心性」と、未熟な「推論能力」が合わさって生じるものだという。

そして子どもが成長するにつれて、想像力によるこうした思考は、「因果の法則」といった広く受け入れられている科学的原理にも対応できる理性的思考に、徐々に置き換えられていく[1]。

だが一部の人については、科学的推論を身につける機会があったにもかかわらず、大人になっても魔法的思考が続く場合がある。

ピアジェはその例として、とりわけ「生きる意味」「存在するとはどういうことなのか」「死んだらどうなるのか」といった問題に対処しようとするあまり、社会や文化の枠組みからはみ出してしまう「宗教思想」をあげている。

多くの科学者は、「自分の想像力を利用して、現実世界に影響を及ぼせる」と信じるような魔法的思考を大人が抱くのは、統合失調症という明らかな例をはじめとする「脳の異常」の兆候だと考えている。

その一方で、イメージと実際に起きていることを区別できるという「正常な脳」の特徴を欠いている人が27パーセントもいることが、最近の脳科学の研究によって判明した。研究者たちにとって、この結果は予想外だった。

というのも、被験者たちはそれ以外の点では健康面でも教養面でも問題のない成人で、しかも精神疾患歴もなかったからだ。[2]

こうした科学者たちは、想像力が現実に影響を及ぼせるという考えは「脳疾患」によるものとみなしているが、他方で、物理的な現実をつくりだすうえで「想像力が重要な役割」を果たしていることを突き止めた研究者たちもいる。

なかでも例としてよく取り上げられるのは、高校のバスケットボールチームがフリースローの練習をする際、通常「イメージトレーニング」と呼ばれる「視覚化」が、身体的なトレーニングとほぼ同じくらい効果的であることを発見したシカゴ大学の研究だ。[3]

こうした研究は、私たちの想像力が「視覚化」、つまり「イメージトレーニング」というかたちで、スポーツをはじめとする身体的な活動での「能力発揮」の向上に活用できることを示している。

とはいえ、私たちの感覚が物理的な現実に影響を及ぼすという最大の証拠は、日常の光景に潜んでいる。

それは「プラシーボ効果」と呼ばれるものだ。

臨床試験で長年マイナス要因とされてきたプラシーボ効果では、「本物の治療」と言われて偽の治療を受けた人のなかで、治癒効果が現れた人の割合が十分に大きい場合に効果があったとされる。

近年では、研究者たちはプラシーボ効果をプラスの視点で捉えるようになってきている。

たとえば、ハーバード大学医学大学院の「プラシーボ研究と集団療法」プログラムでは、患者の転帰の改善に役立つよう「心身相関」「患者と医療提供者との関係」「習慣的な医療行為」「医療の提供」「患者にとっての治療の意味」といった、プラシーボ効果に関するあらゆる面を研究している。[4]

現実は「想像力」を通じてつくりだされる

私たちの人生のなかで、想像力は間違いなく重要な役割を果たしている。

少なくとも想像力は直感を生み、新たなアイデアを刺激し、洞察や革新へとつながる。

アインシュタインが、かつて「知性の本当の証は、知識ではなく想像力だ」と語ったように、もし想像することが自身の感覚の外にある物体についての「新たなアイデアや概念、イメージ」を生むための人間の能力であるとしたら、想像力は私たちのあらゆる「思考や創造、行動」に影響している。

実際そのようにして、科学から芸術にいたるあらゆる分野の発展に不可欠な、理論や発明が生み出されてきたのだ。

そしてさらに、観察者効果や「意識が収縮を引き起こす」という考えが見いだされたことで、想像力は量子力学の世界において、私たちのマクロな現実世界においてよりもさらに大きな役割を果たすようになるかもしれない（現在の一部の科学者たちは、大いに困惑するだろうが）。

実際、世界初の量子コンピューターを開発するという国際的な競争は、「そうしたコンピューターは人間の脳を模倣することで、既存のコンピューターよりもはるかに高度なタスクをこなせるようになる」という考えが、科学の分野で浸透していることを示している。

通常のコンピューターは何十億ものトランジスタによる、「オン」または「オフ」になる物理的なスイッチを使って計算しているが、量子コンピューターは「原子」や「亜原子粒子」を使って計算する。

これらの粒子は、少なくとも測定されるまでは「オン」と「オフ」の状態を同時に保てるため、量子コンピューターは高度な並列計算が行える。

そしてそれらの研究の結果、最先端のスーパーコンピューターの何百万倍もの速さで稼働する量子コンピューターの例が、すでに報告されている。

観察者効果がどんなものであれ、それは量子の世界より大きなこの世界において、私たちの想像力を通じて現実をつくりだしているのではないだろうか？

数年前、私は友人に貸したお金を、どうしても返してもらわなければならなくなった。

だが、友人にとってできるだけ早く返すのは無理な状況だったし、しかも早く返せない現状を友人が申し訳なく思っていることも、私は十分にわかっていた。

そこで、私は悪い方向にばかり考えるのは止めて、代わりに「何もかもうまくいって返済のめどがついた友人が、小切手を渡しながら嬉しさのあまり私に抱きついている」という光景を思い浮かべるようにした。

この展開が実現すれば、私が心から起きてほしいと思っていることが両者のためになり、しかも誰の不利益にもならない。

そしてついに、私が想像していたとおりの光景が繰り広げられることになった。

私が望んでいた時期よりも遅くなってしまったが、それでも私にも友人にもありがたい結果になったのだ。

さあ、今度はあなたの番だ。次のメンタルトレーニングは、自分に起きてほしいことを、自身の想像力を使って事前に経験できるようにするためのものだ。

まずは、第6章で紹介した「『超越した感覚』に入るメンタルトレーニング」から始め、直感や変性意識状態に関連したシータ波が出る状態を促す。

次に自分の想像力をツールにすれば、自分が望む人生を、ただあこがれているよりもずっと確実につくりだせる。しかも、身体的な努力だけでそうした望みどおりの人生を切り開こうとするよりも、ずっと短い時間で実現できるかもしれないのだ。

先の人生を「事前」に経験するメンタルトレーニング

第6章での「『超越した感覚』に入るメンタルトレーニング」で、体をできるだけ深くリラックスさせる。

自分のためにどうしても起こしたいことを思い浮かべる。

できれば、関係者すべてが恩恵に与《あずか》れて、なおかつ誰かや何かを傷つけたり損なったりしないことを選ぶのをお勧めする。

こうした手法を何十年も活用してわかったのは、自分に起きてほしいと思うことでいかに自分が得をするかだけを考えるよりも、まわりすべてにいかに恩恵をもたらせるかを考えるというほんのわずかな気づかいを見せるだけで、自分が望んだ結果がより確実に実現するということだ。

起こしたいと思っていることが、視覚面や経験面、感情面といったあらゆる面ですでに実現したと想像する。

このとき、それがどのようにして実現したのかについて「何らかの説明」が頭に浮かんだら、すぐさま追い払おう。起きてほしいことが完全に実現したということを、ただ受け入れるのだ。

自身が起こしたことへの感動、そして達成できたという安堵の気持ちや満足感にどっぷりと浸ろう。

そして心の準備ができたら、ゆっくり目を開けよう。

なお、「自分が起きてほしいと思うことがすでに実現した」という感覚を得るのが難しい場合、その感覚を巨大な湖とみなして、そのなかに自分が飛び込む姿を想像してみよう。その感覚に全身で浸っている気分になれるように、湖に浸かっている自分の姿を思い浮かべよう。

■3年後の人生を思い描く——高度な手法

自分がどんな将来をつくりだしたいのかよくわからないという場合は、たとえば「3年後の人生を思い描く」[5]というメンタルトレーニングを行うのも手だ。

第6章での「『超越した感覚』に入るメンタルトレーニング」を用いて、体をできるだけ深くリラックスさせる。

いまここで座っている自分を、想像のなかで遠くから眺める。

次に、自分が大きなシャボン玉に包まれていま座っているところから浮き上がり、自宅や職場のビルといった「自分がいまいる場所」を眼下に見下ろしている状況を想像する。

そしてシャボン玉が右へ動きはじめ、眼下の地球が左へ動いていく光景を想像する。

そうして、3年後の将来に辿り着いたと感じるまで、シャボン玉に包まれて動いている光景をひたすら思い浮かべる。

シャボン玉の動きが止まり、地上に降りていくのを想像する。

このとき、まわりの状況に目を配る。

あなたはどこにいるのだろう？　何をしているのだろう？　誰といるのだろう？

自分が経験していることを無理やりつくりだそうと思ってはいけない。

ただ、まわりに目を配ろう。3年後の自分を想像することで、自分自身と自分の人生をどうしたいのかという感触がつかめるのだ。

3年後の人生を見つめ終えたら、ふたたびシャボン玉に包まれて浮かび上がる自分を想像する。

今度はシャボン玉が左へ動くのを思い浮かべながら、眼下で動く地球を眺める。

そうして、2年後の将来（つまり、いまいたところから1年遡った）に到達したと思ったら、シャボン玉が地上に降りていくのを思い浮かべる。

いまあなたは、2年後の人生を想像したなかにいる。

何が見えるだろう？

再度、自分がシャボン玉に包まれて浮かび上がる姿を想像する。

またしてもシャボン玉が左へ動くのを思い浮かべながら眼下で動く地球を眺め、今度は1年後の将来へ時間旅行する。

ふたたびシャボン玉が地上に降りていく光景を想像する。

今度は何が見えるだろう？

最後に、現在に返っていま座っているこの場所に戻ってくる。

自分が見たことを書きとめる。

その際、そこに到達するまでの道のりについての考察があれば、それも記録しておこう。

第8章

過去を反転させる

——心的外傷《トラウマ》

「超越した感覚」状態に入れるようにすることは、自身の時間とのかかわり方を「自由自在に変化させる」ために身につけなければならない基本的な能力だ。

だがある研究によると、私たちはみな過去を思い出したり、将来を不安に思ったりすることを優先し、いまこの瞬間に対して全身全霊を込めて向き合うことを避けようとするそうだ。[1]

過去に対する後悔や、将来への不安の無限ループにはまってしまうと「超越した感覚」状態に到達できない恐れがあり、そうなると時間を操る能力も手に入らなくなる。

だが、心配しなくてもいい。

過去や将来に対する思いが現在の自分の妨げになっていて、そのために「超越した感覚」状態に到達できない気がしているのなら、本章と次章で紹介する「過去の辛い思いや将来への不安を和らげ、『超越した感覚』状態への障害を取り除き、自身の時間とのかかわり方を変える」ための一連のメンタルトレーニングが役立つはずだ。

過去の痛みが、いまこの瞬間を全力で生きるための最大の障害になっている人もいる。

マーガレットがまだ幼かったころ、教会活動に熱心だった母親は娘を教会施設内に何度も独りきりにして、ボランティア活動に取り組んでいた。

マーガレットの5〜6歳のときの記憶に残っているのは、その日も独りきりにされていた彼女が、用務員に性的ないたずらをされたことだ。

マーガレットはそのことを母親に話したが、母親は娘を守るために抗議するどころか、すべて娘のせいにしたという。

性的ないたずらを受けたこととし、母親から裏切られた気がしたという忘れることのできない子どものころのあまりに大きな心的外傷《トラウマ》のせいで、マーガレットは人生を歩む気力をすっかり失っていた。

何十年も経った現在もなお、きわめて低い自己肯定感に度々苦しめられるあまり、仕事をするのもやっとというときさえある。日々の経験のすべてではないにせよ、その多くがどれもあの過去のトラウマの一部だと思えてしまうのだ。

このように過去の痛みを常に発作的に思い出してしまうマーガレットのなかで時間は止まってしまい、彼女は過去の出来事を乗り越えることも、この先の人生を歩むこともできなくなってしまっていた。

「傷」というギリシャ語に由来する「トラウマ」とは、深刻な精神的、感情的、身体的反応のいずれか、またはすべてを引き起こす出来事を意味している。

そうしたトラウマと判断される出来事には、マーガレットが受けた性的な暴行も含まれる。

だがそれだけでなく、「自分やほかの誰かの命が危険にさらされる」「自身の道徳面での誠実さが試される状況に陥る」「暴力や死にそうな目に遭う」など、どんな出来事もトラウマとなる恐れがある。

ダニーは何年も前、のちに後悔という感情的反応に苦しめられるようになるトラウマを体験した。

ダニーには、家を離れて遠くに暮らしていても、大学時代も連絡を取り合っていた、地元の親友がいた。学校の長期休み中に帰省したときは彼女を訪ねて、よく一緒に過ごしていた。その後、友人は一足早く卒業して仕事で順調にキャリアを積み、ダニーと会うために週末はしょっちゅう地元に帰っていた。

ある夜、地元に戻っていた友人は、ダニーとお酒を何杯か飲んだあとに彼の家に寄った。友人は翌日の早朝から仕事の打ち合わせが入っていたので、車で自宅に戻らなければならなかった。ダニーは飲んだあとに運転しないほうがいいから泊っていくよう勧めたが、彼女に断られてしまった。

そもそも自分は彼氏ではないし、しかも彼女は年上でいつもしっかりしているように見えたので、ダニーはそれ以上強く言わないことにした。

結局、友人は車で帰っていった。そしてその夜、友人は運転を誤り、悲惨な事故で亡くなった。ダニーは彼女の死に責任を感じ、運転して帰らないようもっと強く言えばよかったと激しく後悔した。

マーガレットと同様に、この悲劇的な出来事をひたすら思い返しつづけているダニーのなかで、時間は止まってしまっていた。

どちらの場合も、抱えたトラウマによって人生が永遠に変わってしまい、負の感情に苦しめられることになった。

一方の例では、トラウマとなる出来事を本人自身が経験した。もう一方は、悲劇的な出来事が起きた結果、自分を責めるというトラウマを抱えることになった。

トラウマと後悔は、過去というレンズを通して、現在を見ていることによるものだ。だが、そうすることが必ずしも悪いわけではない。物事の背景を知るのは大事なことだからだ。それでも、絶えず過去のレンズを通して現在を見つづけると、現在は過去の化身となり、ありのままの「いまこの瞬間」に全力で向き合えなくなってしまう。

たとえば、トラウマという経験がもたらす怒りや不安、恐れ、悲しみといった感情は、健全かつごく当たり前のものであり、回復が進むにつれて時間とともに消えていく場合も多い。しかし時として、そうした感情が回復を遅らせたり、それどころか回復を阻んだりすることもある。

マーガレットの場合、トラウマによる恐怖は「慎重に友人を選ぶ」といった自分を積極的に守ることに作用した。そして激しい怒りは、うまくすれば「大人になったときの自立」につながったかもしれないが、そうはならなかった。

ダニーの場合、自分が取った行動に対する罪悪感は「友人の家族に謝罪して、肯定的な自己像の回復に取り組む」ことにつながったかもしれないが、そうはならなかった。

どちらの例でも、こうした感情は問題改善のための行動をもたらさなかったのだ。それどころか、両者の自己像はトラウマによってあまりにも変わってしまい、無気力、無力感、劣等感、そして「自分には根本的な欠陥がある」という思いによって、どちらのなかでも時間が止まってしまった。

マーガレットもダニーも、そうした自身の感情を和らげられそうな行動をひとつも取れないほど、自分が麻痺したように感じていた。

そして、そうした感情があまりにも深まると、自身の思考が支配されるだけでなく、自分が危険なほど世間から切り離されていると思えるほど、人間関係にまで負の影響をもたらすことさえあるのだ。

だが幸運にも、トラウマに関する科学的研究は発展をとげ、今日では特にトラウマが脳に及ぼす影響についての解明が進んでいる。

たとえば科学者たちは長きにわたって、「脳は体のほかの部分と同様に、成熟期に入ると成長や発達が止まる」と考えていた。また、脳が損傷を受けたり病気になったりした場合、回復の見込みはほとんどないとも思われていた。

しかし近年において、研究者ノーマン・ドイジは「脳は経験や出来事に応じて、常に自身を変化させつづけている」と論じている。[2]

「神経可塑性」と呼ばれるこの研究分野では、脳がトラウマだけでなく自閉症、あるいは脳卒中やパーキンソン病といった衰弱をともなう疾患からも大幅に自己回復する可能性が示されている。

だとすればマーガレットとダニーにとっては、この研究は「トラウマやいつまでもやまぬ後悔の影響は一時的なものであり、脳が自身を配線し直すにつれて弱まっていく」ことを意味するはずなのだろう。

しかし、どちらの場合もそうはならなかった。

実のところ、神経可塑性に批判的な人々は、脳のこうした配線し直しが、むしろ前向きに生きることを妨げ、治りにくい自己破壊的な気質をもたらすと指摘している。

あるいは、脳が身につけた将来のトラウマに対する心理的防衛が、トラウマ自体よりも自己破壊的になる恐れがあるともいわれている。

ほかにも、「ドイジが発見した神経可塑性は重要性に欠けていて、人間の精神発達にどんな影響も及ぼさない」という批判もある。[3]

これとは別に、脳のレベルでトラウマを回復して、心理的に過去にとらわれている人を解放するために、より期待できる研究分野として「マインドフルネス」がある。[4]

マインドフルネスの状態に入っているときは、自身の思考を良いか悪いかの評価を抜きにして観察できる。また、マインドフルネスにはさらなる利点がある。

自制の効いた思考を促し、それによって「平穏さ、明晰さ、集中力」が高まることだ。

時間の観点からすると、マインドフルネスとは「いまこの瞬間を意識している、または感じている」ことだ。

これはつまり、過去に根差したものであるトラウマと、「いまここでのこの瞬間」を意識するマインドフルネスの状態は、脳内で同時に存在しえないことを意味している。

マインドフルネスは「アルファ波」「シータ波」「ガンマ波」といった、より高い次元での覚醒中に見られる脳波状態を促す。

もうすでにわかった方もいるかもしれないが、「超越した感覚」状態へ到達する手段でもある瞑想こそが、マインドフルネスの状態をもたらす手法だ。

だが、ここである問題にぶつかってしまう。

すなわち、過去の痛みを和らげるのに、まさに必要なのがマインドフルネスであるにもかかわらず、過去の痛みがマインドフルネスへの到達の妨げになる恐れがあるのだ。

この悪循環を断ち切って、過去の事実に影響を及ぼす方法はあるのだろうか？

過去の事実に「影響」を及ぼす

量子論の観点から見れば、量子粒子レベルでは答えは「イエス」だ。

光が、粒子または波として振る舞うかどうかは観察によって決まる（しかも観察前はどちらの振る舞いもありうる）という「波と粒子の二重性」の概念から考案され、１９７０年代に物理学者ジョン・ホイーラーによって初めて行われた「思考実験」によって、現在において取られた行動が、実際に過去の出来事に影響を及ぼすことが示された。

「遅延選択量子消しゴム実験[5]」と呼ばれるこの実験は、次のようなものだ。

最初の設定は、もともとは波と粒子の二重性の証明に用いられた、古典的な「二重スリット実験」だ。まず、次ページの図のような光源があると想定する。

そこから放たれた光子は、２つのスリットを通り抜けて反対側の感光板に当たる。

このとき、もし光子が両方のスリットを通過するのであれば、この実験を観察している研究者は、明るい箇所と暗い箇所が交互に現れる「干渉パターン」を見ることになる。

これは、光が波のように振る舞う結果として現れるものだ。

ここからが、「遅延選択量子消しゴム」の思考実験だ。

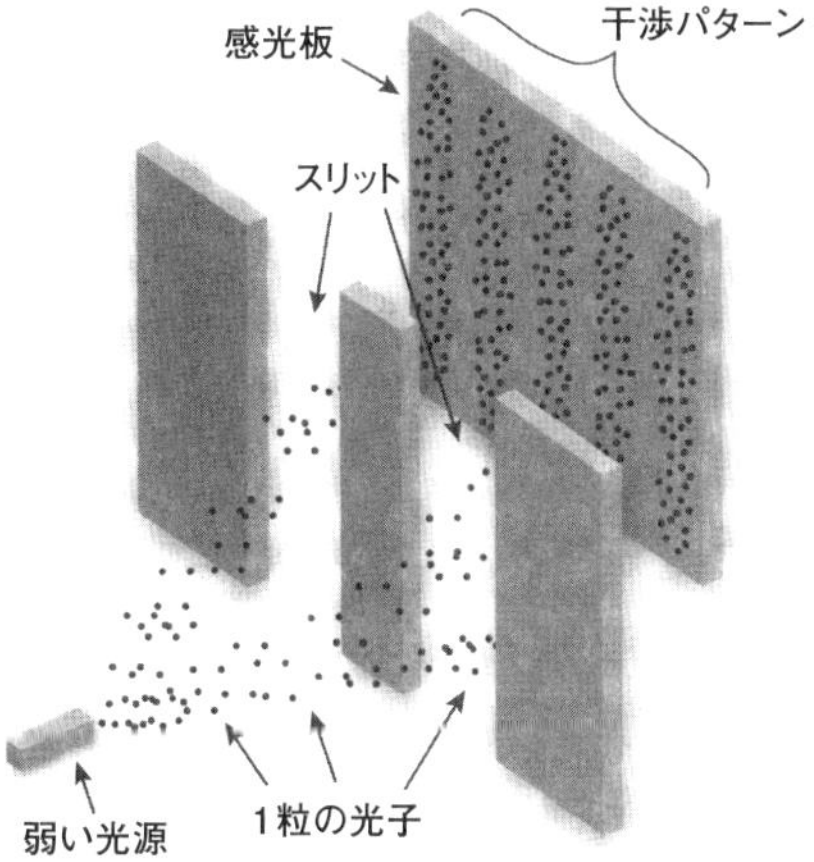

二重スリット実験

スリットの向こう側の感光板がないものと想定しよう。

すると光源から放たれた光子は、最終的に波になるか粒子になるかを決定づける感光板に決して検出されずに、銃から発射された弾のように飛びつづける。

だが、感光板を置くか置かないかの選択が、「光子がスリットを通り抜けたあとに」行われるとしたら、どうなるだろう？

このとき量子物理学の原理を一貫して適用すれば、光は感光板があるかどうかが定まった瞬間の後、自身を波（感光板があるとき）から粒子（光子）へと変化させることになる。

まるで時間を遡って、スリットを通過するときに自身を波から粒子へと変化させたかのようにである。
２００７年、フランスの研究者たちは、１粒の光子が２つのスリットを通り抜けるという設定で、ふたたび二重スリット実験を行った。[6]
このとき、光を検出する感光板がスリットの向こう側にあるかないかを決定するための乱数発生器と、「感光板あり」の場合に光子が到達できるよりも速く感光板の有無を切り替えられる装置が使われた。
そうして、光子を地上から３５００キロ以上先の宇宙へ発射するという「拡張実験」においてさえ、「光子の過去は絶対的なものではなく、現在起きたことに応じて変えられる」という同じ結果が得られたのだった。[7]
光子は量子の世界のものであり、私たちを取り巻くマクロな世界のものとは大きく異なる振る舞いをする。たしかにそうではあるが、現在起きていることが過去を変えられることを示す、神秘的で夢のような科学的成果が実際に存在しているのだ。

この量子物理学の原理を実践に応用する方法は、「超越した感覚」状態に入る能力と、想像力を組み合わせた「過去を反転させる」という古来の手法を使うことだ。
この手法では、想像力を駆使して自身が経験したトラウマまで遡り、当時の出来事をふたたび体験してその結末を変える。[8]

ダニーはこの手法を使って、例の悲劇的な判断を頭のなかで再度体験して、次に起きたことを変化させた結果、友人の死に対して自らを責めつづけていた自分から抜け出せた。過去のトラウマ的な思考から、すぐに解放されたわけではなかったが、この手法を21日間繰り返したことで、それまで抱えていた罪の意識を拭い去り、人の肉体的な死という現実をより心穏やかに受け入れられるようになったのだ。

「過去を反転させる」手法は、トラウマだけでなく、現在において負の感情をつくりだすどんな過去の経験に対しても使える。

実際、私は毎晩自分の1日を反転させている。そしてその日のどんな悪い結果も、最善の結果に反転させることで、今日の出来事に対する自身の負の感情が将来に及ぼしかねない影響を、消し去っている。

なお当然ながら、過去を反転させても、自身が実際に経験した出来事を消し去ることはできない（議論の余地はあるかもしれないが）。

だが、確実にいえるのは、過去を反転させれば、その出来事に対する自身の感情を変化させることができ、過去から解放され、現在を楽しく過ごせるようになる。

そして、おそらく自身の将来をもっと明るいものにできるということだ。

過去を反転させるメンタルトレーニング

第6章での「『超越した感覚』に入るメンタルトレーニング」を用いて、体をできるだけ深くリラックスさせる。

そして、目を閉じた状態で数字の0が現れたら、集中の対象を自分の人生経験で変えたいもの、捨て去りたいものへと移す。それは小さな経験でも、もっと重大なものでもいい。小さな出来事の裏にもっと大きなトラウマが潜んでいるのが感じられても、それが何かはっきりしない場合は、小さい出来事のほうから取り組んでいく。

自分がどこにいたか、誰といたかを、感覚としてふたたび体験する。

怒りや恐怖、恨み、悲しみ、不安といった、その経験にまつわる感情をすべて出す。

負の感情を積極的に受け入れる。そうした経験と感情が、すべていまこの瞬間ふたたび起きているかのように、イメージのなかで保ちつづける。

次にその経験に対するあらゆる負の感情を反転させて、完全に消し去る。

その経験にまつわるすべての問題や疑問を、自身の思考から追いやる。

そして安堵のため息をつき、問題が解消したという思いによって全身に力がみなぎるのを感じよう。心の準備ができたら、ゆっくり目を開ける。

直近の経験を反転させる――高度な手法①

この手法を使えば、1日のなかで起きるどんな負の経験も反転させられるようになる。

たとえば、私は誰かとの会話で気分を害したり腹が立ったりしたときは、すぐさま静かな場所を探してそこで目を閉じる。

次に「超越した感覚」状態に入って、先ほどの会話を不愉快なことを言われたところまで思い返す。

そうして、新たに想像したこの会話が気分よく、または平穏な気持ちで終われるよう、その内容を変える。

1日を反転させる――高度な手法②

さらにこの手法を用いて、1日の終わりにその日の出来事を反転させることもできる。

まずベッドに横たわって眠りにつく直前に、その日の朝に目を開いた瞬間のことを思い出す。

次にその日1日を辿っていき、経験したことの一つひとつを自分にとって起こりうる最善のものに変えていく。

思い出せるその日すべての出来事についてそれを行っていき、1日をすべて再体験した自分が、ベッドで眠ろうとしているところが思い浮かぶまで続ける。

■夢を反転させる――高度な手法③

過去を反転させる手法は、夢に対しても効果がある。

悪い夢にうなされて目が覚めてしまったら「過去を反転させるメンタルトレーニング」の手法を用いて、今度は過去の出来事ではなく、いま見た夢をうなされた部分に来るまで細かく思い出していく。

そして、夢の悪い部分を目の前で繰り広げられる最善の展開へと反転させる。

以降は「過去を反転させるメンタルトレーニング」と同様にする。

過去のトラウマを反転させる──高度な手法④

ある状況に対して常に負の感情を抱いてしまっていても、その理由がわからず、そのうえで「自分のこの負の感情のより深い原因を知り、その改善に取り組む心の準備ができている」と思える場合は、「必要なときに『道しるべ』を見つけるメンタルトレーニング」（第11章参照）を始めてみよう。

自身の負の感情の原因がつかめたら、先述の手法で反転させる。

問題の事態が解消される段階に到達したら、これまでいちばん賢くて親切な大人の自分が、いまこの出来事の最中にあなたに寄り添っていると想像しよう。

あらゆる負の感情を消し去ったり癒したりするために、いまこの瞬間で最も必要なものは何だろう？

大人の自分が、自分自身が必要としているものを与えてくれている光景を思い浮かべる。

そして、問題の出来事が考えうる最善の方法で完全に解決されて、内から正の感情が湧いてくるのを感じよう。以降は「過去を反転させるメンタルトレーニング」と同様にする。

第9章

将来に行く手を脅かされない
――不安

将来への不安も、「超越した感覚」状態に到達するための障害になる恐れがある。

たとえば、私は人里離れたところに住んでいるので、夜間はいつも住宅用の警報装置に頼っている。

ある晩、就寝前に警報装置をオンにしたにもかかわらず、どういうわけか自宅に自分以外の誰かがいるような気がした。もし家の中にほかの人がいたら、一緒に暮らしている動物たちが気づくはずだが、彼らは私のベッドの上で安らかに眠っている。

それでも、私は止められない思考によって身がすくんでしまった。

そしてあまりにも恐怖にとらわれたせいで、その夜はほとんど眠れなかった。

警報装置はオンになっていたし、動物たちは興奮していなかったのだから、私の恐怖はまったく理屈に合わないものだった。しかもあのときは、危険な目に遭ったときに大抵感じる「時間の進み方が遅くなる感覚」もなかった。

それはつまり、あの夜の私は「超越した感覚」状態に入っておらず、別の何かにとらわれていたということだ。

恐怖や、それがより漠然としたものである不安は、ほかの感情とは異なっている。

あの晩私が経験したように、恐怖は体と思考のあらゆる面に影響を及ぼす。

あの夜の私は、恐怖によって周囲の出来事を理性的に捉える能力が低下し、時には動けなくなるほど体がすくんでしまっていた。

脳内を「移動」する恐怖と不安を打ち消す

脳科学で明らかになったとおり、思考や感情によってさまざまな脳波が生じる。

近年、恐ろしい映像を見た人の脳で、何が起こるかを調べる研究が行われた[1]。

この研究の新しい点は、人間の思考を、恐怖に対する人間や動物の本能的反応である「戦うか逃げるか反応」と区別しようと試みたことだ。

また、感知した恐ろしい情報を脳が優先して処理する仕組みについても、特別な注意が払われた。

この研究の被験者たちは、判別しづらくするために歪みを入れた映像、またははっきりとわかる映像を無作為に見せられた。その内容は「楽しくて恐怖を抱かせない」、あるいは「不気味で恐怖を呼び起こす」ものだった。

頭にセンサーをつけた被験者たちは、映像を見るたびにボタンを押して、その種類を記録した。予想されていたとおり、恐ろしい映像は、本能的な「戦うか逃げるか反応」に関連している「ベータ波」の脳波をすぐさまより活発に生じさせた。

その一方で、不気味で恐ろしい映像は、通常は「創造性やひらめき、洞察」と関連しているとされる「シータ波」を増加させることも、この研究で明らかになった。

シータ波は恐怖に深くかかわる扁桃体が位置する「脳の中央部」で生じ、次に記憶と深くかかわる「海馬」へと移動し、さらには人間の知性と想像力を司ると考えられている「前頭葉」へと最終的に移動した。

研究者たちは、脳の神経細胞が発した電気信号の全般的な方向を示すために、この「移動」という言葉を用いた。つまり、恐怖は脳全体を「移動」し、人間の意識的な思考や感情だけでなく、記憶や発想、想像力にまで影響していると思われる。

この研究は小規模ではあったが、常に蘇る発作的な恐怖の治療可能性や、恐ろしい出来事について突然フラッシュバックが起きるきっかけの解明に、光を投じた。

たとえば、不安は恐怖に比べて漠然としか感じられないものではあるが、不安も脳での思考によって生じ、それによって出たある種の脳波が、その思考が続くあいだ、脳のある領域から別の領域へと移動することもわかった。

こうした一連の発見は、「恐怖と不安は『超越した感覚』の脳波状態で打ち消せる」ことを示すものだと、私は考えている。

具体的には、瞑想から得られる「超越した感覚」は、恐怖や不安を軽減すると同時に、「私に何が起きるのだろう？」といった「ベータ波と関連深い自己言及的な思考」も取り除けることが示されている。

さらに物理学の観点からいえば、量子粒子の振る舞いが科学者の注視の有無で決まることは、観察者効果で説明できる。いずれにせよ、自分の思考に集中して向き合うことは、自身が現在をどう捉えるかに対して、測定可能な効果をもたらす可能性がある。

激しい恐怖にとらわれたあの夜、ようやく少し落ち着いた私は、「戦うか逃げるか反応」

によって生じる手に負えない思考を、このあと紹介する手法を用いて消し去った。

これは「超越した感覚」を用いて深くリラックスできれば、恐怖を感じているときの自分の脳波の状態をリラックスしてじっくり考える「アルファ波」の状態へ、そしてさらに瞑想的な「シータ波」の状態へと変えられることを、バイオサイバーノート研究所で参加した実験で把握していたからだ。

私は次の手順を用いてまず恐怖の感情を強め、次に「いまこの瞬間、私は大丈夫だし、まったく安全だ」という現実に集中して恐怖を断ち切った。

そして得られた安心感によって、「超越した感覚」や「時間を超越する感覚」とも関係している「精神的にリラックスしたシータ波」の状態に入っていたはずだ。

恐怖や将来への不安が、いまこの瞬間に向き合ううえでの妨げになっているのであれば、過去にとらわれている場合と同じく、それは自分の時間の捉え方に影響を及ぼしている。

将来の不安で身動きできないのは、時間をいたずらに無駄にしているのと同じで、それではどんなに時間を止めても、「楽にして流れに身をまかせる」感覚を得られることは決してない。

もし不安な考えが浮かんだり、恐怖にとらわれたりしたときは、次の手法を試してみてほしい。

そうすれば身がすくんでしまうことはないし、それどころか「時間には物理的な領域と感覚的な領域がある」という例の理論の感覚的な領域をすぐさま変化させて、より高い次元での覚醒を促す脳波状態に到達できる。

しかも、時間を超越できる状態によりうまく入れるだけでなく、将来への不安に対して時間を無駄にすることなく、現在において何らかの対処ができるようになる。

将来の不安を取り除くメンタルトレーニング

第６章での「『超越した感覚』に入るメンタルトレーニング」を用いて、できるだけ深くリラックスする。

そして、目を閉じた状態で数字の０が現れたら、打ち消して解放されたい恐怖や不安な考えへと集中の対象を移す。たとえば、自分やほかの人たちが危険な目に遭うようなひどい事態を細かく思い浮かべて、恐怖の感情を存分に味わうようにする。

もしいま感じているのが些細な不安なら、その不安な思いをわざと強めて、起こりうるあらゆる嫌なことを経験している状況を想像しよう。

そのようにして、体じゅうで感じるまで恐怖の感情を強めていく。イメージのなかでのこうした経験と感情を、それがすべていまこの瞬間に起きているかのように頭のなかで想像しつづけるのだ。

次にそのイメージを一瞬で断ち切り、そうした出来事はまったく起きていなかったのだと自覚する。

いまこの瞬間、あなたは何ともなくて、嫌なことも起きていないし、まったく安全だ。「そう、こんなことは実際にはまったく起きていない」「実際に起きたことはこんなふうではなかった」などと自分に言い聞かせる。

そして、起こるかもしれないと想像した出来事のなかで浮かんだ思考や感情を、すべて頭のなかから消し去る。

やり方やなぜそうなるのか理由がわからなくても、想像したような嫌な出来事は一度も起こらなかったという安堵の気持ちのなかに、ただ飛び込めばいい。

それに対して頭のなかで異論が生じるかもしれないが、それは脇に追いやろう。また、異論がふたたび生じても別に構わない。そうした思考を、ただひたすら脇に追いやりつづければいい。

そうして、嫌なものから完全に解放されたことで得られる「安心感や前向きな成果」などを味わう。嫌なことはまったく起きていないと安堵のため息をつく自分を見つめよう。心の準備ができたら、ゆっくり目を開けよう。

何が真実なのか？――高度な手法

しつこく繰り返し襲ってくる恐怖を打ち消すには、作家チャールズ・アイゼンシュタインの文献を参考にした次の手法を使うのも手だ。[2]

これは協力してくれるパートナーと行うと、最大限の効果が得られる。

たとえば、もしあなたが仕事を失う恐怖を感じているのなら、まず「『超越した感覚』に入るメンタルトレーニング」を行う。

次に目を開けて、自身のこの状況についてのありのままの事実を書き出し、それらの事実に対する異なる捉え方を少なくとも２つ書き加える。

それからパートナーに「じゃあ、あなたは仕事を失うだろうと思っているんだ。何が真実なの？」と尋ねてもらう。あなたは「何が真実なのか？」の答えとして、先ほどの２つの異なる捉え方を読み上げる。

そしてパートナーが「何が真実なのか？」とふたたび尋ね、あなたは事実に対する2つの異なる捉え方を再度読み上げて答える。

自分の脳が問題の状況についての事実を歪めていて、その結果、自分はこれから起こりうることに対して悪い捉え方をしていたのではないかと気づくまで、このやりとりを続ける。

そうして、あなたは紛れもない真実に辿り着く。

それは、あなたが恐れていたほど、悪いものではない可能性が高いはずだ。

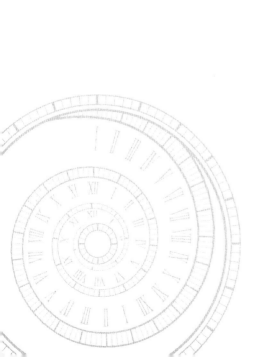

第10章 時間を伸ばす
——集中

数年前、ニューヨークのアッパー・イースト・サイドに住む友人たちを訪ねたときのことだ。その日、私はセントラルパークの向こう側の地区のカフェで待ってくれている友人と午前11時に会うために、滞在していたアパートを出るところだった。

時間は10時50分。

ニューヨークのこのあたりに詳しい人なら、私が絶対に間に合うはずがないと、この段階ですでに思っているだろう。そもそも、この目的地にわずか10分で行くには遠すぎる。

しかも乗っていたタクシーは、一方通行の道路を塞ぎながらゆっくりとバックで消防署に入っていく消防車の後ろに、ついてしまっていたのだ。

私はタクシーのなかで、瞑想状態に入って感覚を超越させた。

そして気をもむ代わりにダッシュボードの古めかしい時計の文字盤を見つめ、11時になった瞬間にタクシーを降りる自分の姿を思い浮かべた結果、実際にまさにそうなった。

私は11時ちょうどにタクシーを降り、友人との約束に間に合ったのだ。

いったいなぜ、私は目的地に時間どおりに到着できたのだろう？

時間は伸び縮みする「ゴムひも」のようなもの

第3章で触れた「ループ量子重力理論」を思い出してみてほしい。

この理論を提唱している物理学者なら、「私たちの時間の捉え方は、物理的な現実にさえ則していないから」と答えるだろう。

その物理学者のひとりであるカルロ・ロヴェッリは、アインシュタインさえ「時間は質量がある物体に向かう自分の速度や近さと、相手の速度や物体との近さとの比較によって短くなったり長くなったりして伸び縮みするゴムひものようなもの」とみなしたことや、それにもかかわらず多くの科学者たちがいかにその事実を無視しつづけているかを、著書『時間は存在しない』（NHK出版）のなかで指摘している。

ロヴェッリ自身は、そうした科学者たちとは違ってそんな現実を信じており、しかもさらに理論を進めて次のように論じている。

「時間の正体とは、私たちが感覚を通じて過去、現在そして未来を投影する、ばらばらの粒子のようなものの複雑な集合体である。[1] それは、いつどんな場所でも起こりうるありとあらゆる事象を現している4次元ブロックの無限の集まりのようなものだ[2]」

私は時間を説明するのには、「ループ量子重力理論」が最適だと思っている。

私がずっと抱いてきたのは、実際の宇宙は刻一刻と変わる状況で生じる「個々の瞬間によって成り立っている」という感覚だ。そして、観察者効果が人間にとってどんなものであろうと、それが現実をつくりあげるうえで大きな役目を果たしていると考えている。

つまり、ロヴェッリの「離散的な空間と粒子状の時間」論と同様に、実際に起きる前の事象は複数の場所に「可能性」として同時に存在していて、粒子は未知の力によってもつれているということだ。

私のこの考えはループ量子重力理論と同じく、ほぼどんなことも起こりうるという意味であり、私の人生での経験がまさにそうだった。さらに、これは私たちが「どんなことにも縛られない世界」にいるということも意味しているのだ。

たとえば、きわめて危険な状況で時間の流れが遅くなったという体験談は、本書でもすでにいくつか取り上げたが、もしかしたらあなたは気づかぬまま、すでに時間を伸ばしているのかもしれない。

だがそれ以外の場合でも、私が聞き取り調査を行った人のほとんどが、「そこまで危険性が高くなくても、時間に影響を及ぼすことが自分にとって重要な意味があったから、時間がいつもとは違う流れ方をした」という経験をそれぞれがしていた。

なかには、「愛する人の最期に立ち会うために、何としてでも飛行機に乗らなければならなかった」という人もいた。そして奇跡的に何もかもがうまくいき、自分がその場にいたいと思った大事な瞬間に間に合うことができた。

私自身もまさに同じ経験をしていて、亡くなる直前の母に会うために直ちに飛行機で国を横断しなければならなかったが、結局余裕を持って到着できた。

これらは「自分にとって大事なことに対処できるよう、自身の感覚内の観測者としての領域が時間を伸ばしている」ことを示す実例だと、私は考えている。

つい最近、アマンダは時間を伸ばしたという自身の経験について、私に語ってくれた。彼女はいつも放課後に、息子たちを学校からヨット教室へと送っている。その途中、道路工事中で信号待ちがたくさんある渋滞した幹線道路を通らなければならない。

そのため、これまでの経験上、教室があるヨットハーバーまで20～25分かかってしまうのは決してめずらしいことではなかった。

「でも、不思議なことに」とアマンダは語った。

「何時に出発しても、1～2分程度の差の範囲内で、必ず時間どおりに着くんです。道路工事が始まる前は教室まで10分で行けたので、工事のことをつい忘れてしまって練習が始まる10分前に出発することがよくあります。それでも、工事中にもかかわらず毎回時間どおりに着きます。その一方で、たとえ20～25分前に出たとしても、だいたい同じ時間に到着するんです」

「遅刻の心配をすることは、まずありません」と彼女は話を続けた。

「どうしてかはわかりませんが、まるで時間どおりに着くのが確定事項であるかのように、自分は間に合うと固く信じていますから」

アマンダがさらに語ってくれた話によると、以前はこうした経験はなかったそうだ。

「子どもたちを幼稚園へ送り迎えしていたときは、間に合うかどうかいつも不安でした。あのころは、もし遅刻したら先生方に『ダメな母親』扱いされるに違いないと思い込んでいたので、『遅刻したらどうしよう』とさらに不安になりました。それに実際のところ、しょっちゅう遅刻していたんです。まるで、延々と続く悪循環にはまったようでした」

「ヨット教室に車で送っていくのとは、どう違うんですか？」と私は尋ねた。

「幼稚園へ送っていたときは、自分のことで頭がいっぱいでした。人から批判されるのが怖くて、永遠に続く恐怖のサイクルを自らつくりだしていたんです。

でもヨット教室のときは、自分のことなどまったく考えていませんでした。私は息子たちのこと、そして彼らがどれほどヨットや教室の仲間たちが好きか、教室でどんなに素晴らしい経験をするか、といったことだけを考えていました。前向きなことばかりです。

すると不思議なことに、遅刻に対する不安などまったく感じないですし、しかも遅れるに違いないというときでさえ、ほぼ必ず時間どおりに着くのです」

アマンダが語ってくれたのはまさに、「戦うか逃げるか反応」と関連している「ベータ波」の脳波状態と、観察者として運転席に座っているという「超越した感覚」状態の違いだ。不安を抱くことなく、自分にとって最も大事なことに集中できると、必要に応じて時間は伸び縮みする。

もしこれが時間の仕組みならば、私たちは必要なときに自らの手で時間を遅くできるのではないだろうか？　もしできるとしたら、そのやり方は？

そのための鍵となるのは、自身の脳波の状態だ。

目的地に時間どおりに着けるかどうか不安なときは、そうした恐怖を感じている状態（危険な場合とは逆の状態）が、「どうでもいいことが頭のなかで次々に浮かんで鳴り響く『心猿の状態』」につながる「ベータ波」を生じさせる。

その罠に陥らないようにして、「アルファ波」や「シータ波」が生じる「超越した感覚」が得られる瞑想状態にふたたび入れば、どんな時計に対しても、どんな時間においても、驚きの結果をもたらすことができる。

時間を伸ばすメンタルトレーニング

第5章で紹介した「自身の脳波状態を変化させて、時計の秒針を止める」というベントフ博士の例の実験にすでに挑戦した方もいるかもしれない。遅刻するかどうかを示しているどんな時計に対しても、同じ手法を用いることができる。

たとえば、渋滞にはまったときの車内のダッシュボードに時計がついていたら、その時計に集中する（デジタル時計は秒針が動く時計ほどの効果は得られないが、切羽詰まっているときにはそれでも役に立つはずだ）。

まずは、関心なさそうに時計にちらりと目をやる。針の動きの単調なリズム、あるいは数字の変化に注意を向ける。

そして意図的に視線を動かして時計へと戻し、文字盤を正面からしっかりと見つめる。さらに「時計から視線を外して、道路（あるいは自分がいる場所）を見る」「時計の文字盤を見つめる」という動作を繰り返す。

次に、頭のなかで映画を流すように、自分が目的地に時間どおりに到着している場面を鮮明に思い浮かべる。目的地に到着するまで、この映像を繰り返し想像しつづる。

途中、合間合間に時計から視線を外して道路や周囲を見る。

なお、この手法は自身が運転していないときに最も効果を発揮する。自分が運転している場合は、次の手法を参照してほしい。

■時間どおりに到着する（運転している場合）――高度な手法

自分が運転していて、目的地に時間どおりに着かなければならないときは、遅刻しなかった場合に自分自身やほかの人々にどんな恩恵をもたらすかを、道路から目を離さずに考えよう。「すべての関係者のためになるよう、遅刻せずに着こう」という、自身の前向きな強い思いを感じるようにする。

次に、その強い思いを捨て去る。自分が目的地に時間どおりに着いている映像を頭のなかで思い描き、遅刻しなかったことによるプラスの結果を目の当たりにする。

そして、行かなければならない場所に辿り着くための時間はたっぷりあると、自分に言い聞かせよう。行き先までの道のりがどれほど長くても、間に合うように周囲の時間が伸びるのを想像する。

目的地に着くまで、時間どおりに到着する映像を頭のなかで繰り返す。

第11章

必要なときに道しるべを見つける

――思考

一般的には、進化論は1840年ごろのチャールズ・ダーウィンの研究による功績だと思われている。だが、実はアルフレッド・ラッセル・ウォレスも、同じ理論をダーウィンとは別に構築していた。[1]発明家や科学者が同じ発想をそれぞれ別々に思いつくという事例は、数え切れないほど多い。

18世紀の例では、カール・ヴィルヘルム・シェーレとジョゼフ・プリーストリーが、1774年ごろに酸素をそれぞれ発見した。[2]

19世紀には、ジェルマン・アンリ・ヘス、ユリウス・ロベルト・フォン・マイヤー、ジェームズ・ジュールをはじめとする数名が、「熱力学の第一法則」（訳注：「エネルギー保存の法則」ともいう）をそれぞれ独自に理論立てた。[3]
さらには、宇宙は始まりの場所から膨張しながら遠ざかっているという「ビッグバン宇宙論」は、アレクサンドル・フリードマンとジョルジュ・ルメートルが別々に構築したものだ。[4]
こうした「複数の人々による同じ発見」をちょっと調べるだけでも、重要な新発見の数多くが、世界の別の場所にいるまったく何のつながりもない人々が、それぞれ異なる瞬間に見いだしたものであることがわかるはずだ。
だが、それらは本当に偶然なのだろうか？　もしかしたら、私たちには各々がアクセスできる、何らかの集合記憶があるのではないだろうか？

思考は生命体の「外側」のどこかにもある

複数の人々がそれぞれ同じ発見をするというこの現象は、科学的研究の一分野になっていて、生物がいかにして学習し、しかもそうして学んだものを次の世代にどのようにして直接かかわることなく伝えているのかという調査が行われている。

１９２０年、ハーバード大学のある研究者が、22世代のラットで水迷路を使った実験を行った。すると、たとえ学習が遅いとみなされていた個体であっても、「迷路を経験していたラットと血縁関係にあるラット」は、「迷路を経験したラットが血縁関係にないラット」よりも、約10倍速く解決策を見つけ出したことが確認された。

のちにスコットランドやオーストラリアでも、この実験が再現された。[5] この研究は、蟻の行列という小さいものから、魚の群れの協調的な動きという大きなものにいたるまで、生物システムは「自己組織化」するものであることを示している。

これはつまり、外部のまとめ役の助けを借りなくとも、偶然ではない方法で秩序あるまとまりに自発的になれる能力があるということだ。

この分野の研究は、集まった何百万もの個体の同期した行動がこうした複雑なシステムをいかにしてつくりだすのかについて、いまなお多くの未解決問題を抱えているが、解決のための理論もすでにいくつか提唱されている。[6]

そのなかには「還元」や「創発」といった一般的な物理学の考え方もあれば、「生物システムは集まった各個体が有する集合記憶によってつくりだされる自己組織化システム」というルパート・シェルドレイクの「形態共鳴」説もある。[7]

シェルドレイクの研究によると、ある行動が十分に多く繰り返されると、彼が「形態形成場」と名づけた場ができて、それが時空に「形態共鳴」を生じさせるという。[8] シェルドレイクは、「分子」や「結晶」「細胞」「植物」「動物」「動物社会」も、こうした能力を持つシステムの例だと考えている。批評家たちからは異説と非難されてはいるが、シェルドレイクの見方はそう簡単には棄却できるものではない。

ケンブリッジ大学で科学者として研鑽を積み、王立学会フェローにも選ばれたシェルドレイクは、その間の研究を通じて得た「記憶は自然のなかに何らかのかたちで備わっている」という発想にもとづいて、自身の理論を構築した。

彼のこの発想は、科学のほかの分野でも継続的に確認されている。たとえば、渡り鳥のような同期した行動を示す生物システムがいかに量子物理学の原理に則しているかを解明するうえで、生物学と量子科学の分野が融合しつつある。[9] ほかにも、量子もつれや量子重ね合わせといった「量子過程」が、自然で見られる行動をいかに支配しているかを調査している研究者たちもいる。[10]

さらに、人間の脳の「処理過程」にも量子力学がはたらいているという説が、ますます強まっている。[11]

その説が正しいとすれば、無数の異なるパターンがすべて同時に存在しうる。

そうして、人間に対する何らかの観察者効果によって構築されたと思われるひとつのパターンが浮上して、それがその人の意識的な思考になるのかもしれない[12]。

この理論は、思考の質や、あるいはその人が考えているかどうかさえ、必ずしも物理的な脳の大きさによって決まるものではないことを示している。

シェルドレイクは、人間の脳は何らかのアンテナとしてはたらいていて、物理的な脳が関与していない領域までをも処理しているのではないかと論じている。

この理論の裏づけとして、誕生時に通常の脳の25パーセントしかなかった人や、脳の一部を取り除く手術を受けた人の例がある。

そうした例の多くでは、いわゆる「脳」と呼ばれる部分をわずかしか備えていない人々が、それにもかかわらず平均的なＩＱを持ち、普通に生活していた[13]。

これはまたしても、意識は量子力学的である可能性があり、ゆえに非局所的であることを示すものだ。つまり、思考は生物学的な生命体の内側のみならず、その外側の現実世界のどこかにも、存在しているかもしれないということだ。

もし、私たちの脳が量子場でエネルギーパターンを生成して、私たちを取り巻く思考場のアンテナとしてはたらいているとすれば、人はいつ何どきでもほぼどんなことについても考えられるかもしれない。

私はこの説にもとづいて、本書で取り上げた内容を書き進めた。そして自分の人生での不思議な経験について、考えられる数多くの考察をそれぞれ掘り下げようとするなかで、さまざまな分野の研究の筋道を深く辿っていった。

物理学や量子物理学、生物学、脳科学をはじめとする各分野をどれも専門的に学んだことはなかったのだが、私は自分がそれらに精通しているのだと想像した。すると、自分にとって未解決だった問題の答えが、予想もしていなかったときに自然と頭に浮かんできた。本書はある意味、まだ掘り下げられていない科学の発想を、科学者ではない私が探るものだ。

だが当然ながら、私はこの本に対して自身が負うべき適切な義務もきちんと果たしている。ある主流派の科学者に本書の検証を依頼し、内容の科学的な正確性についてお墨つきをいただいている。

「超越した感覚」の状態に入ると、記憶を司る脳の一領域である海馬と関連しているとされる「シータ波」が、ほかの脳波とともに生じる。もしかしたら、この状態は集合記憶にアクセスする能力も高めるのかもしれない。

行き詰まっている、あるいは時間を無駄にしていると感じていて、早急に今後の見通しを知りたいと思ったときは、次の簡単だが効果の高い手法を試してみてほしい[14]。

私は現在にきちんと向き合えなくなったり、取りたい行動が取れなくなってしまうような「思考や感情」に自身がとらわれてしまったと感じたときは、いつもこの手法を使っている。

なぜなら、身動きが取れなくなってしまうような思考や感情は、自身の時間の捉え方に影響を及ぼすだけでなく、時間を無駄づかいする原因でもあるからだ。

つまり、「超越した感覚」の状態を取り戻せば、時間は敵ではなく味方になってくれる。

必要なときに「道しるべ」を見つけるメンタルトレーニング

時間的な制約がなく、誰にも邪魔されない場所でゆったりと座る。最適なのはひとりになれる場所だが、ほかに誰かいても構わない。また、目を閉じて行うほうがより効果的だし、できれば暗いところで行ってほしい。

これらは必須ではないが、ただそうしたほうが脳の受容性を最大限にまで高められる。

先の「『超越した感覚』に入るメンタルトレーニング」を用いて、瞑想状態に入る。

次に「このことについて、自分がわかっていることは何だろう?」と自分自身に問いかける。文頭の「このこと」の部分には「兄への連絡（または「医師の予約」「給料の値上げ交渉」など）を先延ばししつづけることについて、自分がわかっていることは何だろう?」というように、自分が知りたい内容を入れる。

納得がゆくまで静かに座りつづける。すぐに答えが得られなくても不安に思うことはない。いつか必ず、何らかの答えがふと頭に浮かぶはずだからだ。

たとえば、「私は兄に批判されるのが怖いんだ」といった思考や発想、イメージ、あるいは答えが浮かんだら、それを覚えておこう。

次に、「兄に批判されるのが怖いことについて、自分がわかっていることは何だろう?」というように、今度は得られた答えを文頭に置いて同じ問いかけをする。

そして新たな思考、または答えが浮かぶまで待ち、今度はそれを文頭に置いてふたたび同じ問いかけをする。

問いかけを始めたときよりも十分多くの情報が得られたと思えるまで、この一連の問いかけと答えを繰り返す。

第12章 一瞬で伝える

——テレパシー

ハーバード大学医学大学院やアクシラム・ロボティクス（フランス）、研究開発企業スターラボ（スペインのバルセロナ）の研究者たちが近年行った実験によると、インドにいる1名とフランスにいる3名が、脳同士の通信だけで「hola」「ciao」（訳注：スペイン語、イタリア語で「こんにちは」という意味）といった言葉をやりとりできたそうだ。

「脳同士の通信」とは、言葉が発せられたり、メールなどの文章が送られたり、メッセージが打たれたりすることなく、研究調査に参加した被験者たちの脳だけでやりとりが行われたという意味だ。

この実験は、脳同士の通信が存在していることを初めて証明した事例のひとつであり、携わった研究者たちは、この結果がさらなる研究のきっかけになって、言葉が話せない人々にとっての新たな通信手段の実現に今後つながってほしいと期待している。[1]

これはつまり、テレパシーは現実のものということだろうか？

実は、そう主張している研究はいくつもある。[2]

そのひとつであるワシントン大学で行われた実験では、研究者が送った脳信号によって、キャンパスの反対側にいる別の研究者の指が動いてキーボードを叩いたという。[3]

「人間の脳と脳のインターフェイス第1号」と称されたこの実験では、被験者である研究者たちが、脳の電気活動を記録する脳波計につなげられた。

ふたりは電極がついたキャップを装着し、そのうちのひとりは手の動きを司る脳の領域を中心にしてキャップがつけられた。

キャンパスの両端にある研究所間で協力して研究が進められたが、研究所同士でやりとりが行われることはなかった。

そこで、想像でテレビゲームをしていた一方の研究者は、スペースキーを叩いて「大砲を撃つ」ために、頭のなかで自身の右手を動かした（実際に手は動かしていない）。

すると、それと同時に、キャンパスの反対側にいたもう一方の研究者の右手の人差し指が勝手に動いたのだった。

この実験は単方向の通信ではあったが、研究者たちは2つの脳が双方向で直接会話できることを実証する方法を検討している。

人間の脳は生まれつき「配線」されている

脳同士の通信は、人間に限定されるものではなさそうだ。

1960年代、中央情報局（CIA）初のポリグラフ部門を設立したクリーヴ・バクスターは、尋問技術の第一人者とみなされていた。ポリグラフ（嘘発見器）で使われている手法は電気皮膚反応を調べるもので、感情的なストレスによる皮膚の電気抵抗の変化を、検流計という機器で測定する。

その後のキャリアのなかで、バクスターの興味は人間の調査から植物や動物を調べることに移った。そのきっかけは、たまたま自宅の植物を嘘発見器につないでみようと思ったことだった。

そうしてバクスターは、植物をはじめとする生物が電気皮膚反応の過程を通じて、一切の物理的な接触なしに人間の思考や感情を検知して、それに反応できるかもしれないことを発見した。

この研究はのちに、1973年に発表されたピーター・トムプキンズとクリストファー・バードの著書『植物の神秘生活――緑の賢者たちの新しい博物誌』(工作舎)へと発展した。[4]

こうした現象の量子論的な解釈は、またも量子力学と生物学が交わる部分にありそうだ。PART1で解説したとおり、私たちのマクロ的な世界で量子過程を目撃した人はまだひとりもいないが、科学者たちは「量子の世界の影響は、いったいどれくらい広範囲に及ぶものであるか」「その影響力は、明らかに生物に及ぶほど大きいのか」ということにますます興味を抱いている。

生体物質であるバクテリアと、エネルギー粒子である光子のもつれが確認できたという近年の研究は、量子論が理論上のものから実際的なものとみなされるときが「来るのか来ないのか?」ではなく、「いつ来るのか?」を示すさらなる証拠となった。[5]

また脳ではなく、無生物のなかの「巨視的粒子」での量子もつれを捉えようとする研究も行われている。

その最も古典的な例は1960年代の「ベルの実験」で、これは何十年ものあいだ、量子もつれが物体で起きることの証拠として引用されてきた[6]。

近年、100人の被験者ボランティアを集めて、ベルの実験がふたたび行われた。脳の活動を読み取るためのヘッドセットを装着したボランティアたちは、100キロ先に設置された乱数発生器の出力結果に影響を及ぼすよう指示された。

この実験の最終的な結果はまだ出ていないが、いつかもし決定的な証拠が得られたら、それは粒子がマクロな世界でも有意な量子的振る舞いをすることを示すうえで、大きな役割を果たすだろう[7]。

結果はどうあれ、この可能性は、量子論によって私たちが自身の世界についていかに型にはまらずに考えられるようになるかを示すものだ。

脳科学の観点からいえば、人間の脳は、自分の目の前にいる人々の意図や感情を読み取るように、生まれつき「配線」されていると考えられている[8]。

だが、多少でも離れている人同士でつながろうとする場合、その配線によってふたりが同じ「波長」に合わせられるようにしなければならない。

研究者たちは、大脳辺縁系が配線内のそうした役割を担っているのかもしれないと予想している。[9] 大脳辺縁系は記憶のみならず、感情刺激によって放出される化学物質を調節することで、感情も司っている。

大脳辺縁系で特定される脳波は「シータ波」であり、それはシータ波が直感や変性意識状態と関連性が深い点を考えれば、道理にかなっている。

私は仕事をしている日は、自分の思いをほかの人に頻繁に送っている。

たとえばつい最近、財務面での疑問が出てきて、会計の専門家である友人にどうしても急ぎで質問しなければならなくなった。

だが、すぐに彼に電話をするのではなく、まずは自分のデスクの前で「超越した感覚」状態に入ってリラックスした。次に、ニューヨークに住んでいるこの友人リッチの姿を思い描き、彼がすぐ近くにいる光景を想像した。

そして、自分が直接彼に話しかけているかのように、「私に電話して」という言葉を伝えることに集中した。こうした場合、簡単な言葉やイメージを送るのが最も効果的だ。

その後、期限ぎりぎりに電話をすると、リッチは最初の呼び出し音で出てくれた。

そして「もしもし」と言う私に、「ちょうど君に電話しようと思っていたんだ」と答えたのだった。

あなたもほかの人、あるいはペットでも試してみてほしい。そうすれば、あなたと友人との精神的なつながりがいかに強いかに驚かされるはずだ。

一瞬で伝えるメンタルトレーニング

まずは先の「『超越した感覚』に入るメンタルトレーニング」を用いて自分を落ち着かせ、瞑想状態に入る。

「電話に出たら、連絡を取ろうと試みていた相手の声が聞こえてきた」「電子メールの受信箱を見たら、待っていたメールが未読状態で入っていた」というように、メッセージを送ったことで、自分に何が起きてほしいのかを鮮明に思い浮かべよう。

次に、メッセージを届けたい相手を思い描く。受け取る相手が遠くにいる場合は、思い描く前に相手の写真を見ると効果的だ。

そして、相手と直接会ったときの気持ちを思い浮かべる。その人が実際目の前にいるかのようにその感情に浸る。さらにその感情に集中して、自分は相手とつながろうとしているのだと念じる。

自分が聞きたい、または目にしたいひとつのイメージや言葉に集中する。それをできる限り細かく思い描き、精神をそれだけに集中する。見た目や触った感じ、それに対する自分の気持ちをただひたすら思い浮かべよう。

頭のなかで明確なイメージがつくられたら、その言葉や物体が自分の頭から相手の頭へと移っていく光景を想像しながら、メッセージを送信する。

自分が相手と直接会っている光景を思い描きながら、たとえば「猫」というように自分が送信している思いを、イメージのなかの相手に口にする。そして、自分が伝えていることを相手が理解していることがわかる表情を心の目で捉える。

そうして、自分が起きてほしいと思っていたことが、あらゆる面でいまや完全に実現したと想像する。やるべきことはもう何もない、という安堵感に浸る。

自分がやり遂げたいと思ったことは、すでにすべてやり遂げられたのだ。巨大な湖に飛び込んで、深く深く潜っていくように、全身でその感覚に浸る。

心の準備ができたら、一気に想像を止めて目を開けよう。

そうすることで脳波の状態が「ベータ波」へと移行し、あなたは瞑想状態から覚めて、鮮明な光景が頭から去っていくはずだ。

第13章 いちばん大事なものを瞬時に確認する

——超視覚

フロリダ州に住んでいた当時、ハリケーンで何度も避難を余儀なくされた。そのうちの一度は、ハリケーンが近隣一帯を直撃すると予測され、自宅周辺は大規模水害リスク地域に指定された。住民は強制避難を命じられ、時間がなかったために私は家のなかの物をほとんどそのままにしていくしかなかった。

避難しているあいだ、私は「自身の想像力」というツールを使って、家のなかの物すべてが洪水の被害から免れているのを「見た」（第7章参照）。ニュースの恐ろしい映像は見なかった代わりに、自宅に被害がなかった光景を思い浮かべることにただ集中したのだ。

さらに「遠隔透視」を行い、自宅の内部に被害が及んでいないことを「見て」確認した。

結果、避難命令が解除されて帰宅すると、周囲の予想に反して、自宅の内部は浸水被害をまったく受けていなかった。近隣の家屋は浸水したが、私の家はどういうわけか被害を免れていた。

災害の跡が唯一わかったのは、海水が庭を水浸しにして家の外壁まで迫ってきていたことだったが、幸いにも水は家のなかまで入ってこなかった。

私は自身が落ち着くために家が無事だったのを単に想像で「見た」のか、それとももっと強い力がはたらいていたのかはさておき、あのときの私が経験したようなことは、実は決して新しくもなければ、めずらしくもないのだ。

たとえば、「友人が助けを必要としている」といった光景が急に思い浮かんだり、誰かに偶然出会うことが、なぜかだいぶ前にわかったりするといった経験をしたことがある人は少なくないはずだ。

実際、「千里眼」「超感覚的視覚」「遠隔透視」などと呼ばれるこうした経験をした人々の話は、古くは何千年も前からいくつも伝わっている。このうち「遠隔透視」とは、物理的な距離があって、見ることが不可能な物や場所が「見える」ことだ。

潜在意識から送られる「情報」を意識で読み取る

「スタンフォード研究所（ＳＲＩ）」（訳注：現在の名称はＳＲＩインターナショナル）の研究者たちによれば、遠隔透視はまさに現実のものだ。

１９７０年代半ば、ＣＩＡは人物や場所といった目標物を遠隔透視するための能力開発を、ＳＲＩの研究者ラッセル・ターグに依頼したとされている。[1]

その後およそ10年かけて、国益にかかわる人物や場所の遠隔透視が実現できるかどうかを見極めるために、遠隔透視者たちの養成が行われた。[2]

それに関する、ある事例を紹介しよう。

「イラン米国大使館人質事件」の最中、遠隔透視者キース・「ブルー」・ハラーレイはＳＲＩへの出向を命じられた。そこでの任務中に、ハラーレイはイランの武装勢力に拘束されていた人質のひとりであるリチャード・クイーンらしき人物を特定した。

クイーンは重度の多発性硬化症を患っていて、ハラーレイはそれを遠隔透視中に察知したのだ。

その後、イラン側がクイーンが拘束中に死んでしまうのを恐れて解放すると、クイーンの悪化していた健康状態に関するハラーレイの報告が事実だったことが、アメリカ側の医師団によって確認された。

クイーンはのちに、人質となっていた当時についての報告を行った際、「自分を拘束していたイラン側の犯人のなかに、アメリカと通じていた者がいたに違いない。さもなければ、アメリカ側が自分の健康状態を事前に把握できるはずがないではないか？」とひどく困惑していたという[3]。

私たち人間は、知覚認識を超えた先の情報にアクセスできるのだろうか？

この疑問へのはっきりした答えはまだ出ていないが、物理学といった科学的な分野によって説明できるかもしれない。

アインシュタインは「量子もつれ」として知られる量子物理学の現象を「不気味な遠隔作用」と想像力豊かに呼んだが、それはたとえ互いに遠く離れていても、まるでもつれているかのように互いに瞬時に影響しあう粒子を指したものだ。

この「非局所性意識」という発想は、人間の精神が何らかのかたちで古典物理学の法則の圏外ではたらき、しかも量子物理学の法則に従っている可能性を示すものだ。

アインシュタインはこの「不気味な遠隔作用」を終生受け入れなかったが、今日では物体が遠く離れた非局所的な力に影響を受けていることが、物理学者たちによって検証可能なかたちで観察されている。

しかも、観測される物体同士の距離はますます大きくなっている。

もつれている量子は、いったいどれくらい離れることができるのだろう?

その答えはまだ誰にもわかっていないが、近年の実証実験では、地球と宇宙衛星間ほど離れている例が示されている。[4]

では、科学者が観察する何十万件もの遠隔透視実験は、量子もつれの証拠になるのか?

この興味深い発想から、「量子脳理論」という研究分野が誕生した。

これは「遠隔透視」「発想を得る(第11章)」「思いを送る(第12章)」といった現象が、量子論で説明できるかどうかを研究するものだ。

今後さらに研究が進めば、超越的と思われている体験は、現実の出来事で、しかも科学によって説明できることが、明らかになるかもしれない。

ここまで見てきたことをまとめると、遠隔透視の仕組みについて考えられる説明は次のようになる。

もし量子もつれが可能であれば、潜在意識の一部に、自分が遠隔透視したいもの（目標物）についての情報が、すでにあるかもしれない。

そして、潜在意識から送られるそうした情報を、意識が読み取れるのかもしれない。

つまり、「超越した感覚」状態に入って、「直感や変性意識状態」と関連している「シータ波」を生じさせるメンタルトレーニングを行えば、それらの情報を「意識に送り込む方法」を編み出せるだろう。

ただし一般的には、目の前にはっきりとした光景が現れるわけではない。

どちらかといえば、遠隔透視はかすかな感覚や細かい感情を通じて行われるもので、そこで得たものをあらためて解釈する場合のほうが多いとされている。

ちなみに、スパイにならなくても、遠隔透視を十分前向きかつ生産的に活用できる。

たとえば、私の友人カーリーはこの術を用いて、迷子のペット探しに協力しているし、私は置き忘れた鍵や眼鏡を探すために、しょっちゅう利用している。

当然ながら、どんなツールも、よい目的で使える一方で、不適切な使い方もできる。

それはさておき、誰でも遠隔透視能力を発揮して、驚くべき結果をもたらすことができると信じる人が、いまや増えつつある。

あなたも次のメンタルトレーニングに挑戦して、自分の目で確かめてほしい。

いちばん大事なものを瞬時に確認するメンタルトレーニング

このメンタルトレーニングを始める前に、協力してくれる人や友人に5〜7種類の写真を雑誌から切り抜いておいてもらうか、インターネットからダウンロードしてもらっておく。

それらの写真は、エッフェル塔やグランドキャニオン、あるいは世界の大都市など、あなたも知っているとても有名な実在の建造物や場所のものにしてもらう。

それらはあなたの「目標物」となる。用意した写真を裏返しに重ねて、箱に入れて蓋をするか、封筒に入れて封をしてもらうよう、協力者にお願いする。

メンタルトレーニングを始める際、自身が受けた印象をメモするために、何も書かれていない紙とボールペン、または鉛筆を手元に用意しておく。

次に「『超越した感覚』に入るメンタルトレーニング」を用いて、体をできるだけ深くリラックスさせる。

まずは、室内にいるなら家の外、居間にいるなら寝室というように、自宅や自分がいまいる場所以外のところにいたら、どんな気持ちになるかを想像する。

このときリラックスしていればいるほど、ほかの場所にいるような気分を味わうことによりいっそう集中できるはずだ。

次に、例の写真が入った箱や封筒のなかに自分がいて、積み重ねられた写真を上から見ている姿を想像する。頭のなかで、いちばん上の写真を表向きにする。

そして自分が目にしているものの簡単な印象を頭に留めておく。自分が感じていることが、その目標物の最も特徴的な姿であることに注意しよう。

それは自然物だろうか、それとも建造物だろうか？　地上にあるのか、それとも水中にあるのだろうか？

最初に目にしたものをメモして、目標物の図を描く。ここでは、自分が目にしているものの色やかたちの観察に十分な時間をかけよう。

さらに、自分が目標物の数メートル上に浮かんでいる姿を想像し、目標物を上から見た印象をメモしておく。

そして見たことの全体的なイメージをメモして、最初の目標物に対するトレーニングを終える。

このとき入ってきた情報を評価せずに、見たままをできるだけ細かく書きとめる。たとえば、匂いや色、味、温度といった感覚情報も忘れず記録する。

なお、かたちやパターンがぼんやりと見えることもあるが、それらは「次元」と呼ばれている。目標物に対して何らかの感情的な反応があれば、それもメモしておこう。

そして1枚目の写真を積み重ねた山から取って、自分が抱いた印象と比べてみる。

心の準備ができたら、残りのすべての写真に対してここまでの手順を繰り返す。

すべての写真でのトレーニングを終えて、どの写真の内容ともまったくつながることができなくても、落ち込む必要はない。目標物について知ることのみならず、自分自身について知ることも遠隔透視の目的だからだ。

遠隔透視は、時間をかけてトレーニングすれば身につく可能性が高い能力だ。

そのため自分にとっていちばん大事なものに、いずれ活用できるようになるだろう。

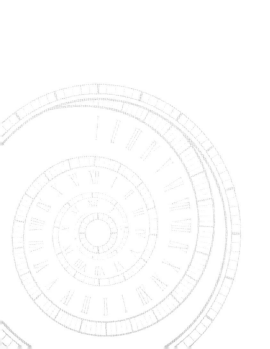

第14章

形而上の重力を活用する

——愛

ある晩、食事を終えて自宅に帰る途中の夫婦が、信号待ちをしていた。するといきなり、すぐ脇をスポーツカーのシボレー・カマロが追い抜いていき、驚愕する夫婦の目の前で自転車をはねた。それでも止まらずに、自転車に乗っていた人を巻き込んだまま走りつづけ、10メートルほど先で止まった。

夫は乗っていたピックアップトラックから飛び出すと、カマロの運転者が重傷の被害者を車体の下から引き出せるように、カマロの先端部分を持ち上げた。

夫は経験豊富な重量挙げの選手ではあったが、自分がどうやってあの車を持ち上げたのかはいまでもよくわからないそうで、次のように語っている。

「もしいまあの車を持ち上げろと言われても、とうてい無理です」

デッドリフトでのバーベルの重量挙げ世界記録は約500キロだが、カマロは約1400キロだ。

この男性は見知らぬ人の命を救うために、1400キロの車の700キロ近くに相当する部分を持ち上げようとして、瞬時に自身の重量挙げの力を何とか振り絞った。[1] そして、このきわめて危険な瞬間に驚くべき力をごく自然に発揮し、勇敢な人助けに成功したのだった。

研究者たちはこうした事例を「異常な興奮状態」「超人的な行動」と呼んでいて、命にかかわる状況に直面したときに体内に放出されるアドレナリンが、一役買っているのではないかと指摘している。

だが生体力学での研究によると、アドレナリンの放出だけでは、平均的な人間が超人にはなれないのだ。[2]

一方でこれとは別に、自転車で車にはねられた被害者の命を救わなければという差し迫った思いに駆られた先の男性のように、誰かのために何かをしていると、そうした勇敢な行動につきものの恐怖や身体的不快感を超越するのではないか、という理論もある。

マラソン選手のメブ・ケフレジギは、２０１４年のボストンマラソンで優勝した。ケフレジギは、周囲にとって予想外のこの勝利は、ちょうど1年前の同じ大会で起きたテロ事件の犠牲者に敬意を払いたいという、自身の強い思いによるものだと語った。[3]

また一般社会においても、多種多様な産業での何十万もの労働者を対象に行われたある調査では、回答者の仕事が他者によい影響をもたらす場合、その回答者は自身の意欲と仕事の成果の向上によって、自己超越感が得られていることが明らかになった。[4]

意識は量子にもとづいた「宇宙」のようなもの

こうした自己超越感を経験している人々が「超越した感覚」状態にあることは、瞑想状態時に生じる「シータ波」や「ガンマ波」といった脳波で示されるだろう。

マラソン選手のメブ・ケフレジギの場合、他者に敬意を払いたいという強い思いが、実際にレースで誰よりも速く走ることにつながった。

また、自分の仕事が他者によい影響をもたらすと感じている人の場合、その気持ちが時間の節約と効率的な仕事ぶりにつながったのだ。

だが、本当にただそれだけなのだろうか？

ほかの要因もあるはずだと、考えた科学界の著名人がいた。20世紀の未来学者リチャード・バックミンスター・フラーは、「愛は形而上の重力だ」と唱えたのだ。[5]
この考えはどうやら、フラーが宇宙を司る原理を研究していたなかで生まれたようだ。フラーは、こうした基本原理が存在するには、物理学や自然の法則がひとつの普遍的な過程、つまり「万物の理論」にもとづいていなければならないと考えた。
フラーにとって、「発想や感情、夢、感情として脳内に絶え間なく流れつづけるエネルギー」は、電磁気力と驚くほどよく似ていて、さらに「愛」は宇宙の力を集めるという点で、重力に非常によく似ているように思えた。

フラーのこの発想の裏づけとなるのは、「脳内に思考、感情、願望を生み出す何か、つまり『意識』は、量子論にもとづいている」という新たな理論だ。
神経科学と心理学を融合させ、「意識はコンピューターではない。意識とは、量子にもとづいた宇宙のようなものである」ことを示すこの理論は、「量子認知」と呼ばれている。
また、この宇宙は量子にもとづいているため、波と粒子の二重性や量子重ね合わせといった、量子力学では当たり前のあいまいさやパラドックスが成立する。[6]
その結果、私たちは「相反する発想や気分、感情」が、まさに「シュレーディンガーの猫」のように何らかの量子過程によって決定するまで、それらを自身の脳内に保ちつづけられる。これがフラーの前半の理論の裏づけだ。

後半の「愛は重力」については、物理学者たちでさえも「もつれた亜原子粒子」との驚くほどの「類似性」を指摘している。

愛とは神秘的なものであり、私たちの理解を超えたかたちで人々を結びつける。

さらに愛は、たとえ粒子同士が遠く離れていても、密接に結ばれている可能性がある「量子もつれ」と非常によく似ている。

近年では、重力と量子の世界とを結びつけているのが、量子もつれである可能性についての研究が進められている。[7]

ここであげたことはどれも、愛が本当に量子重力であることの証明とはいえない。とはいうものの、私を含めた多くの人々が、自分にとって大事な人にまつわる説明しがたい出来事を経験している。[8]

私が親愛の念を抱きつづけているある友人が、2008年の大不況の直後に、マンハッタンにある自宅の住宅ローンの借り換えに奔走せざるをえなくなったことがある。

友人は住宅ローンの返済額をいますぐにでも減らさなければならない状態に陥ってい

て、しかも彼が契約していたローンの固定金利は、株式市場の暴落で下がった当時の金利よりはるかに高かったのだ。

私はそんな友人のために、「私と友人が会議室のテーブルに座っていて、新しい住宅ローン契約書に署名しようとする彼に、私が自分のモンブランのペンを手渡している」という光景を毎日想像した。

そして、友人の数百万ドルの住宅ローンを引き受けてくれる貸し手を全力で探すのと並行して、この光景を1年間毎日思い浮かべ、それが友人のために実現することを心から願った。

すると、2010年に古い知り合いに偶然再会したのがきっかけで、どこも引き受けてくれなかった住宅ローンを契約してくれる貸し手に巡り会えた。2011年4月、私は想像したとおりの会議室のテーブルに座って、友人に例のペンを手渡していた。

そのあと、貸し手が「正直どうしてお引き受けしたのか自分でもわからないのですが、不思議なご縁ですね」と言ったので、私は「私もわかりませんが、本当にそうですね」と答えながら友人に微笑んだ。

だが、この人を助けたいという私自身の強い思いが、本来ならもっと時間がかかるか、それどころか実現しなかったかもしれないこの素晴らしい結果を招いたことが、私にはわかっていた。

ある意味、私の親愛の念が、この友人の人生の時間軸を変化させたのだ。

一般的に「マニフェスティング」と呼ばれている「夢を唱えて実現する方法」について書かれた本はたくさんある。

だが私の経験からすれば、それら「マニフェスティング」のなかでも最強の方法は、ほかの誰かに対する心からの親愛の念や愛情でもって、その人のために何かを願うことだ。

なぜそれが最強かというと、ほかの人のために何かを願うことは、思考ではなく感情を生み出すからだ。


自分以外の誰かのために強い思いを抱くと、恐怖に変わる類の思考はまず生じない。

なぜなら、たとえその誰かが望むものを手に入れられなかったとしても、自分自身は失うものがほとんど、またはまったくないので、自分が恐れる必要がないからだ。

そのため、親愛の念や愛情から湧き出る他者のための強い思いは、「ヨット教室に間に合うよう到着する」という小さな願いから、「数百万ドルの住宅ローンを借り換える」という大きな願いにいたるまで、私たちが現実にしたいと思うことに対して、これほど強い効果を発揮するのだ。

これはまさに、自己超越感に満たされて「シータ波」「アルファ波」「ガンマ波」などが生じる「超越した感覚」状態だ。

もし宇宙の法則のなかに愛が含まれているのなら、あなたも強い愛情を感じているときに「自己超越状態の脳波」を生じさせているはずだ。

そして、もし現実が物理的領域と感覚的領域でできているとすれば、その脳波はあなたの物理的な世界に実際に影響をもたらすのだ。

親愛の念あるいは愛情から現実をつくりだすには、「その日の自分に起きてほしいあらゆる出来事を、自分が主演している映画として見る」という「先の人生を『事前に』経験するメンタルトレーニング」（第7章参照）を活用するのもいいだろう。

頭のなかで上映するどんな映画についてもそうだが、重要なのは「見て、その後すぐに忘れる」ことであって、内容については決していつまでも深く考えてはならない。

なぜかというと、いつまでも深く考えてしまうと脳が恐ろしい思考を生み出し、感情がつくりだしている「超越した感覚」状態を解いてしまいかねないからだ。

あるいは、次の「形而上の『重力』を活用するメンタルトレーニング」を試すのも手だ。[9]

この手法は何百年どころか何千年にもわたって、ユダヤ教（カバラ）、キリスト教（アビラのテレサといった神秘主義者）、古代エジプト、インドといった世界中の主要な精神文化で行われてきたものだ。

形而上の「重力」を活用するメンタルトレーニング

まず「『超越した感覚』に入るメンタルトレーニング」を用いて、体をできるだけ深くリラックスさせる。

次に、自身の意識を胸の真ん中にある心臓の中心に集中させ、その状態を保つ。

自分の心臓が血液を送り出している様子を想像する。

そして、実際の心臓が目の前にあって、それを見たり、感じたり、触れたりできるように思えるまで集中しつづける。

頭のなかで、自分の心臓の裏側に回って、今度はそちらを正面から見ている光景を想像する。このとき心臓の表面に、なかに入れるほど大きなひだや隙間がないか探してみる。入れそうな箇所を見つけたら、そちらに近づいていく自分を感じる。そして、そのひだのなかにうまい具合に入り込もう。

落ちていく感覚を味わう。落下が突然止まると、あなたは自分の心臓内にある、小さな秘密の部屋のなかで立っている状態だ。そこに明かりがほしければ、明かりを思い浮かべよう。自分のまわりで起きている動きや音を感じることに注意を払う。

愛情や感謝の気持ちを思い起こし、配偶者や家族、ペットといった自分が愛するものたちを思い描きながら、そうした気持ちを心で表現しよう。

次に、「希望の仕事に就く」「病から回復する」「生涯のパートナーに出会う」といった、自分が愛するものたちに起きてほしいことを考える。

胸のなかの心臓の中心に意識を集中させながら、目をつぶったままその周辺を上から見下ろす。心の準備ができたら、目を開けよう。

第15章

時間の制約から解放される

——死

経済学と臨床心理学の専門教育を受けた母は、科学性を重んじていた。それゆえ私と違って、超自然的な現象にもとづいた理論を基本的には受け入れようとはしなかった。

数年前、母ががんを患って余命わずかになったとき、私たちは死がどんなものなのかについて話すことが増えた。

私は母に、「死は幽体離脱のようなもので、人は死ぬと自身の肉体から解放されるけれど、自分が誰なのかはっきりとわかっていると思う」と語った。

さらには、亡くなったあとも母は部屋にいつづけて、しかも電気をつけたり消したりできるのではないかとも説明して、「もしそうしたければ、ぜひやってみせてね」と頼んだ。

だが、母は私の話を信じようとしなかった。結局、私は「もし、私が言ったことが本当じゃなかったら忘れて。でも、もし本当だったら、ちょっとやってみてほしいな。ねっ、お願い」と言って話を終えた。

ある日の早朝、私の兄、兄の妻、妹、そして私に看取られながら、母は自宅で亡くなった。医師でもある兄が母の死を告げたあと、私たちは寝室に横たわる母に何時間もつきそった。

その後、居間に戻ろうと寝室を出ようとした瞬間、母のベッド脇のラジオが最大の音量で鳴りはじめた。

「ここに何日もいたけど、あのラジオが鳴ったことなど一度もなかった」と兄は言った。そして兄の妻も、「テレビがまるで勝手についたかのように、待機状態に入っているわ」と指摘した。

そして翌朝、母の医療用緊急通報ペンダントからサポートセンターに通報が入った。まるで誰かがペンダントのボタンを押したかのように。

だが、そのペンダントは、母の遺体が運び出されて自宅に鍵がかけられたあとも、ずっと母の寝室のベッド脇に置かれていたのだ。

私は思わず笑ってしまった。母はたしかにやってくれたのだ。

人間の脳を活動させる原動力が何であれ、それが死後も続くことの決定的な科学的証明はまだないが、アメリカ人の４・２パーセントが臨死体験（ＮＤＥ）を経験していることが、いくつかの研究からわかっている。

つまり、およそ１５００万人が、死んだあとも意識があるという状態に近いものを経験しているというわけだ。[1] ただし実際の人数は、おそらくはるかに多いだろう。というのも、私も含めた大半の人は、こうした類の経験をしてもすぐに伝えずに、自分がしたと思われる体験を何年も経ってから告白することが多いからだ。

それに少なくとも、亡くなった人の存在を感じたという経験談を聞いたことがあるか、自分自身がそうした存在を感じたことがある人は多いはずだ。

こうした驚くべき経験は死を悼む気持ちの表れだという見方が通例だが、実はそれだけではないのかもしれない。

死の一般的な定義は、「生命維持に必要な身体機能の不可逆的停止」であり、そのなかには心臓や呼吸器系、脳といった器官の活動も含まれている。

だが近年、死後何時間も経った豚の脳を生き返らせることで、そうした定義に疑問を投げかけた研究者たちがいる。彼らは溶液を使って血流のような流れを起こし、豚の脳に酸素と栄養を大量に送り込んだ。

すると、たとえ死後何時間経っていても、しかも豚の体内から取り出されていても、脳細胞が通常の機能を回復して、神経細胞が電気信号を伝えられることが明らかになった。[2]

人間の意識は「特定の瞬間」に縛られているものではない

臨死体験と密接に関係しているのは、幽体離脱（OBE）だ。この現象は疑似科学と思われる恐れがあるため、歴史的に科学者たちから研究を避けられてきたが、近年では大きく注目されている。

実際、幽体離脱の経験があるかどうかを尋ねられた人のなかで、約10パーセントの人が少なくとも一度は経験していると答えていることが、各種調査から判明している。

しかし、幽体離脱が本当に起きている（「計測可能」という意味で）ことを証明するには、実験室のなかで被験者が幽体離脱を経験しなければならない。

近年、まさにそうした実験に成功したのがカナダのオタワ大学の研究者たちで、彼らは被験者が「体から離脱している」最中に、被験者の脳を脳画像診断機器で調べることができた。[3]この被験者は、幽体離脱する能力を小さいときから持っていたと主張している。幽体離脱の最中の脳を観察していた研究者たちは、自己認識を司ると考えられている脳の領域での活動を確認した。「側頭頭頂接合部」と呼ばれる脳のこの領域では、体内からの情報に加えて、外部感覚器からの情報も集められて処理されている。

脳に異常がある人が抱く幽体離脱感覚についての研究記録は比較的多いが、健常者を対象にした研究はそれほど行われてこなかった。現在ではそうした研究が続けられていて、ユニヴァーシティ・カレッジ・ロンドンの研究者たちも、実験室で幽体離脱を起こす能力についての論文を発表している。[4]

幽体離脱が起きるきっかけが何であれ、幽体離脱の科学的理論は「自己認識感覚が誘発されることで、脳がただ単にだまされている」という考え方がおおむね中心になっている。だが、幽体離脱のこうした理論は、心肺機能が停止した「臨床死」が確認されたあとも部屋にいることを、そうでなければ知りえない事実を詳しく述べることで証明した人々の報告とは相容れないものだ。

「適合的知覚」と呼ばれるこうした事例についての報告は、「データが非常に少ない」「こうした出来事は再現が難しい」「事例の観察のほかに正しく証明できるものが何もない」

といった理由で、いまなお論争の的になっている。

しかしながら、立証された有名な事例はたしかにあり、それはパム・レイノルズというある脳外科手術患者に関するものだ。[5]

レイノルズは、脳の腫瘍摘出のための開頭手術を受けたあと、自分が手術中に受けた処置について詳しく語った。手術中は臨床死の状態で、術後に蘇生された彼女が、本来ならそうした処置について知りえるはずがなかった。

臨床死の状態のレイノルズが、一般的には脳機能と関連しているとされる自己認識をいったいどうやって保ちつづけられたのかは、いまだに謎のままだ。

死後も意識を保ちつづけていた、あるいは幽体離脱を経験したと告白しているレイノルズをはじめとする何百万人もの事例を解明する鍵のひとつは、量子もつれと「非局所性意識」という発想かもしれない。

非局所性意識とは、「人間の意識は、脳、体といった特定の物理的な場所や、時の流れのなかの特定の瞬間に縛られているものではない」という考え方だ。

この理論では、生物学の領域でも存在が証明された量子もつれによって、非局所性意識がはたらいているのではないかと考えられている。[6]

もし、意識が物理的な存在である脳の産物ではなく、量子もつれといったほかの現象から生まれるものだとしたら、肉体の外で、あるいは肉体が死んだあとでさえも、存在しつづけるのは、不思議なことではないのかもしれない。

たとえ自分の意のままに幽体離脱できるようになったとしても、そもそもそんな経験をしたいと思うものだろうか？

モンロー研究所のウィリアム・ブールマンによると、自分の肉体を離れての探索は、自身の五感や知性の限界をはるかに超越した恩恵をもたらしてくれるそうだ。

幽体離脱を一度でも経験した人の多くが、自分のなかで超自然的アイデンティティの目覚めや、自己概念の変化があったと述べている。彼らは自分自身を単なる物質ではなく、意識や活力がよりいっそう高まった存在とみなせるようになった[7]。

ほかにも、ここ数十年のあいだに世界各地で報告されている幽体離脱で得られたプラスの効果には、「現実に対する認識の向上」「自分の不死性を自ら実証」「自己啓発の促進」「死への恐怖の減少」「超能力の向上」「自然治癒」「前世の影響を認識、実感」「知能の向上」「記憶を呼び起こす能力の向上」「想像力の高まり」などがある。

幽体離脱による持続的なプラスの効果についての報告は多いにもかかわらず、体験者がそれについて大っぴらに語ることはめったにない。

ドイツの高速道路「アウトバーン」で運転中に幽体離脱を経験したというエレナ本人による、そうした事情も含めた話を次に紹介しよう。

18歳のころドイツに住んでいた私は、運転免許を取ったばかりでした。ある日の夕方、まだ3回目でしたが、アウトバーンで運転しようと思いました。アウトバーンはどこも3車線で、右側の車線が低速、真ん中が中速、そして左側は高速で走るようになっています。自分の運転技術にまだあまり自信がなかった私は、低速の車線を走ることにしました。

すると突然、前の車がほかの車に追突しました。私は「急ブレーキをかけてもとうてい間に合わなくて、自分も衝突してしまう」と思って動揺しました。車線を変えなければなりませんでした。でも左を見ると、別の車が真ん中の車線の後方から近づいてきているのがわかりました。車線変更も無理そうだし、車を止めるのも間に合いません。「何にせよ、いずれかの車にぶつかってしまう」と思いました。

その直後、まるで催眠術をかけられたかのような、不思議な感覚に襲われました。もはや目を開けていられずにつぶってしまったかと思うと、今度は頭のなかがぐるぐる回っているようでした。すると、誰もいなくて時間も止まったよくわからない場所にいるかのように、何も感じられなくなりました。次の瞬間、自分の目が開いてふたたび見えるようになると、自分がいちばん左の車線を走っていることに気づきました。

直前にいた車線から、2つも離れた車線です。自分の運転でここまで来たとは、とうてい思えません。真ん中の車線を走っていた、あの車にぶつかったはずですから。それに、真ん中の車線を越えてこの車線に入った記憶もありません。「こんなことがあるんだろうか？　いったいどうやって起きたんだろう？」と思ってしまいました。まるで運転中に車が宙に持ち上げられて、いちばん左の車線まで運ばれたようでした。

でもこの間ずっと、怖くありませんでした。感じていたのは恐怖ではなく、時間の歩みが遅くなっていく感覚でした。このことが起きていたほんの一瞬のあいだ、私は「前の車に突っ込む」か「横の車に当たる」かという2つの選択肢を、スローモーションのようにゆっくりと比べていました。すると、誰もいなくてよくわからない場所にいて何が起きているか見えなかったあのとき、時間が止まったように思いました。

その何かが起きていたとき、私はまるで自分の体から抜け出して、そこにいなかったかのようでした。時間が元どおりになってようやく、自分が怪我ひとつなく生きていて、前方に車がいない車線を走っていることに気づいて衝撃を受けたのです。

あのとき起きたことについて理にかなった説明は得られませんが、それが実際に起きたという事実は、私に深い喜びとこのうえなく幸せな安堵の気持ちをもたらしてくれました。まるで、大いなる力とつながったようでした。いまもなおうまく説明できませんが、誰かに見守ってもらっているという感覚は、それ以来ずっとあります。

あと、もうひとつ言いたいことがあります。それは、私がこのことをすぐにほかの人に言えなかったのは、当時はまだ若くてどう話していいかわからなかったからです。この体験を話しても信じてもらえなかったり、ばかにされたりするのではないかと思ったのです。

明らかに、エレナは重大な危険がもたらす「超越した感覚」状態に入っていた。

アスリートの「フロー」状態のときと同様に、命にかかわる出来事に直面した人の多くが経験する、時間の進み方が遅くなる感覚を抱いているときは、脳が通常と異なる事態に対処するために「ベータ波（注意を怠らない）」「アルファ波（精神的にリラックスしている）」「シータ波（マインドフルな状態）」「ガンマ波（集中の極み）」といったさまざまな脳波を、本人の無意識のうちに発生させている可能性が高い。

エレナの体験談からわかるように、幽体離脱が唯一無二の経験であるのは、それが「時間を伸び縮みさせる」「自分の不死性を自ら実証する」「死への恐怖の減少」が合わさったものだからだ。

次のメンタルトレーニングは、あなたも自身の体から抜け出して、探索できるかどうかを試すものだ。

意識が体内に限定されず、何らかのかたちで体を必要とせずに非局所的に存在するものであるならば、肉体が死んだあとも意識は残りつづけるかもしれない。

それはつまり、死は人生の終わりではなく、私たちは思っていた以上に時間に制約されていないのかもしれないということだ。

時間の制約から解放されるメンタルトレーニング

万全の準備で行うため、夜から始められるように計画する。

幽体離脱がうまくいくかどうかは、睡眠周期と関係している。体はすでに眠っているが頭はまだ活動しているときが、幽体離脱を経験するための最適な状態だ。

幽体離脱のメンタルトレーニングを行う前に、居心地がよく、夜中に動きまわっても安全な場所を自宅内に確保しておく。体が寝入るために役立ちそうな音楽や、睡眠を誘う映像を活用しよう。また、はっきりとした夢を見るのに効果的とされている記憶増強剤ガランタミンの使用は、幽体離脱の誘因になりうるだろう[8]。ただし当然ながら、このように何らかの補給剤を使うときは、事前に主治医に相談すること。

眠りについてから約3時間半後に起きて、事前に用意していた場所に移る。ゆったりしたリクライニングチェアがあれば理想的だ。リクライニングチェアかソファに、わずかにもたれかかろう。だが、横たわってはならない。

「時間を忘れる」という言葉を頭のなかで何度も繰り返して、感覚を超越させる。

そして意識を失うまで、この言葉を繰り返しつづける。

部屋の別の場所にいるような夢をはっきりと見たら、近くのドアから抜け出していま眠っている場所からできるだけ遠くに行っている光景を想像しよう。

すぐに幽体離脱の状態に入れる可能性は低いため、このメンタルトレーニングは何度も行わなければならないが、幽体離脱はまさに自分の思うままに楽々と時間を操る体験をするための入り口だ。

第16章 時間を超越する
――不死

ジム・B・タッカーは著書『リターン・トゥ・ライフ――前世を記憶する子供たちの驚くべき事例』（ナチュラルスピリット）で、5歳の少年パトリックが異父兄ケビンの人生や経験を覚えていたという事例を紹介している。

ちなみにケビンは、パトリックが生まれる12年前に亡くなっている。

パトリックは従兄弟と泳いだこと、耳の周辺の手術を受けたこと、子犬と遊んだことを覚えていたが、これらはすべてパトリックではなくケビンが経験したことだそうだ。

さらに驚くべきことに、こうしたつながりはパトリックの肉体にも及んでいて、彼の体に生まれつきある3つのあざの場所は、生前のケビンの体にあった腫瘍や傷の箇所とほぼまったく同じだった。[1]

パトリックの事例は、覚えている人生がかなり前のことだという点で際立っているが、タッカーのこの著書では、経験していないので記憶しているはずがない出来事を、覚えているであろう子どもたちの例が多数紹介されている。

これらの報告は、タッカーがその大半が6歳未満である2500人の子どもたちに聞き取り調査を行って得られたものだ。

バージニア大学医学大学院で精神医学教授を務めるタッカーは、この研究で議論を呼びながらも、「こうした子どもたちの事例に対する最も科学的に理にかなった解釈は、彼らは自身の前世の経験を実際に覚えているということだ」と結論づけている。

しかも、タッカーが調査した何千もの事例から集まったデータから、興味深い傾向が明らかになった。

たとえば、前世を覚えている子どもたちの約7割の死因が、暴力による死亡か変死だ。あるいは9割の子どもたちのいまの人生の性別は、前世と同じだと語ったという。

さらに、子どもが亡くなって新たな体で生まれ変わるまでの平均的な間隔は、およそ16カ月だそうだ。

なぜこんなことが起きるのだろう？

考えられる説のひとつは、人生は生物学的である以上に情報的なのではないかというものだ。

ここでは「情報」をあるものの特性や存在についての事実と捉えてみよう。

物理学では、宇宙は物質とエネルギーでできていると考えられている。

だが近年、「量子情報処理」と呼ばれる分野の科学者たちは、「宇宙は物質とエネルギーでできているのではなく、それとは逆に物質とエネルギーを生み出す巨大な情報処理システム、つまりコンピューターである」という理論を立てている。[2]

彼らの主張を順を追って説明すると、次のようになる。

1　宇宙は原子やその他の素粒子でできている
2　原子を構成する亜原子粒子は、量子力学の法則に従って相互作用する
3　亜原子粒子同士が相互作用すると、情報が生まれる
4　つまり、宇宙は情報からできている

海で波が浜辺に押し寄せる場合を例にして、考えてみよう。

どの水分子も、ほかの分子との相対的な位置といった情報を波にもたらしている。2つの水分子が相互に作用すると、その情報を「処理」することで、両者は位置が変わるかまたは動きまわる。

つまり、無数の水分子が相互作用した結果が波なのだ。

これと似たようなことが人間の脳でも起きているのであれば、その結果が意識の存在を示す思考かもしれない。

ほかにも、物理学の巨人と呼ばれている物理学者ロジャー・ペンローズが唱えている「意識としての思考は、量子計算の原則に従って脳でかたちづくられる」という理論もある[3]。

これは、「量子重ね合わせにより、脳は同時に複数の状態（『オン』と『オフ』）で存在する神経活動というかたちでの量子状態を有している」という考え方によるものだ。

つまりそれらの活動は、量子コンピューター内で「オン」と「オフ」を同時に保っているビット情報のようなものであるということだ。そして、一瞬のうちに神経活動がひとつに合わさり、私たちが意識的な思考として経験する量子力学の事象になる。

しかしながら、主流派の科学者たちの大半は、この考察ではとうてい納得できないと考えている。

ペンローズが唱えている「量子コヒーレンス」は、通常、環境や温度にきわめて敏感に左右され、厳重に保護された状況下以外では起こらない。

そのため件《くだん》の科学者たちは、脳の湿度や温度の高さを考えると、量子過程が脳内で何らかの役割を果たすのは無理だと指摘している。

それでも、ペンローズは「脳と意識を明らかにするには、『現在起きていることは、神経科学、生物学、さらには物理学でも説明できるはずだ』という、私たちの思い込みを捨て去らなければならない」と固く信じつづけている。

情報は「創造」することも「破壊」することもできない

私たちの脳や意識が、情報を生み出す量子コンピューターの産物であろうと、あるいは多数の粒子が量子論の法則に従って相互に作用する量子場によるものであろうと、エネルギー保存が成立していることに変わりはない。

それはつまり、何かが創造されたり破壊されたりすることは決してなく、単にあるかたちから別のかたちへと、変化するだけということだ。

何も創造されなければ、破壊もされないというまさにこの原則によって、タッカーが調査した前世を覚えている子どもたちの不死性らしきものも、説明できるのではないだろうか。

古典物理学の世界では、情報を思いのままに消去できる。だが量子の世界では、情報は創造することも破壊することもできないという「量子情報保存」の理論が立てられている。[4]

もしその理論が成り立つなら、亡くなった子どもたちの人生に関する量子情報が、別の子どもたちのなかで生きつづけてもおかしくない。

実際に不死性を手に入れるには、発想を根本的に変えなければならない。ほんの一例をあげると、不死性を獲得する鍵は、必ずしも肉体を永遠に生かそうとすることではない。重要なのは、永久に残りつづけるとされる量子情報によって、誰もが、そしてすべてがすでに不死であるという考え方だ。

私たちはしょっちゅう、やらなければならないことをこなすための時間が足りないと感じていて、時間は自分の敵だと思い込んでいる。

だが実際は決してそうではなく、私たちは思っているほど時間の制約を受けてはいないのだ。

滅びることがない本質的な自分が時間を超越して存在しつづけることを感覚的に捉えられれば、時間が足りないと思うどころか、たっぷりあると思えるはずだ。

とはいえ、「生命とは何か」「『生きているもの』と、無生物あるいは『生きていないもの』の違いは何か」という問題はまだ残っている。

はるか何世紀も昔、哲学者や科学者たちは、「生きているものは無生物にはない生命力あるいは『生気』によって、何らかの方法で生を与えられている」と理論立てた。だが19世紀には科学の進歩によって、こうした以前の考え方から「生物は分子からできていて、分子は原子からできている。そして、原子は化学、物理学、さらには熱力学の法則に従っていて、それらによって活力が与えられている」という考え方へと大きく変化した。

つまり、生物は分子レベルでは、たとえば熱力学を利用した反応ではたらく蒸気機関とほとんど違いがないということだ。

違うのは、生物のほうがはるかに複雑だという点だけだ。

ところが、20世紀になると驚くべきことが起きた。

量子力学という神秘的で夢のような世界が発見されたのだ。

そこには独自の法則があり、観察によって波動関数から収縮する量子粒子は、同時に複数の状態で存在でき、しかも互いにはるか遠くに離れていても、不気味なつながりを見せつけた。

物理学の古い考え方が、目の前に広がる科学の未開拓分野にますます押されていくなか、量子力学の巨人のひとりであるエルヴィン・シュレーディンガー（そう、「シュレーディンガーの猫」の）が、「生命とは何か」という例の問題に自ら答えを出そうと取り組んだ。

その問いかけが書名となった1944年の著作のなかで、シュレーディンガーは「細胞の振る舞いや神経系の仕組みは、すでに発見された物理法則に加えて、これから発見される物理法則によって説明できるようになるだろう」と論じた。

それによると、細胞は統計学にもとづいた仕組みの一部であり、細胞の突然変異は量子飛躍のようなものであり、エントロピーは物が自然崩壊して消滅する過程に影響を与えている。[5]

およそ1世紀後、科学の進歩によって、光合成、酵素による化学反応といった基本的な生体内作用や、渡り鳥が目的地に迷わず飛んでいくことに対して、量子論にもとづいた説明ができるようになった。

シュレーディンガーの理論、そしてまだ答えがわかっていない問題を探索しつづけている多くの科学者たちによって、いつの日かそれらの問題の完璧な答えが見つかるかもしれない。

それまでのあいだ、私は次のメンタルトレーニングを利用して、滅びることがない本質的な自分に向き合うことにする。

いまこの瞬間にきちんと向き合ったり、行動したりすることの妨げになる思考や感情にとらわれて身動きができなくなるたびに、最高の意識状態を示す「ガンマ波」と関連が深いとされ、自分を超えていく桁外れな体験である「意識の一体化」という特異点に到達するための取っかかりとして、このメンタルトレーニングを活用している。

この状態を意図的に引き起こそうとすることで、身動きを取れなくさせていたどんな思考や感情からも解放されることが事実上保証されているため、時間にとらわれない感覚を取り戻せるのだ。

このメンタルトレーニングをすれば、自分とは異なるものだと思っていたものすべてが、実は区別がつかないほど自分と同じものだとわかる瞬間が来るだろう。

つまるところ、宇宙を構成しているものは、物質も含めたすべてが万物の理論にもとづいて互いに作用しあい、情報を生み出している「量子粒子」にすぎないのだから。そこでの現実は、「物理的なもの」でもあれば「感覚的なもの」でもある。

その状態に入ると、不安や恐怖の感情は消え去り、代わりに時間を超越した感覚が得られるはずだ。

時間を超越するメンタルトレーニング

まず「『超越した感覚』に入るメンタルトレーニング」を用いて、できるだけ深くリラックスする。次に、いきなり目を開ける。そして、周囲を見まわす。このとき「すべては私だ」と考えよう。

たとえ、ほかの論理的な思考が次々頭に浮かびはじめても、この考えをできるだけ長く保ちつづける。そしてほかの思考が過ぎ去っていったら、ふたたび「すべては私だ」と考える。

椅子やコンピューター、机、本といった自分のまわりのものすべて、そう、すべてのものをその考えのなかに含めよう。

自分の集中を遮るような思考を脳が次々と浴びせてくるまで、この考えにどれくらい集中できるだろうか。自らの意志でもって、「まわりのものはすべて私だ」という考えをふたたび思い浮かべよう。

より深い経験をする——高度な手法

周囲を見まわして、どこを見ても見えているのは自分自身だと想像する。自分と周囲には境目がなく、一体であるというように。

次に、まわりのものに囲まれている自分を見ている光景を想像し、しかも自分がそれらのものの創造者だと考える。

自分と、たとえば机のあいだに境目を感じるかもしれないが、そうした境界線はある意味自分がつくりだしたものだ。

あなたの体を構成する原子や亜原子粒子は、机を構成するものと変わりはない。

自分の手と机をしっかりと見つめ、そうした境界線は存在していないと想像しよう。

第17章 時間の超越に向けて試してほしいこと
——毎日のトレーニングプログラム

あなたはすでに時間の概念を新たに書き換え、しかも時間を操るための具体的な手法も手に入れた。では、次にやるべきことは何だろう？

自分の時間の捉え方を変えるために、これらの手法をすべて組み合わせた「毎日のトレーニングプログラム」をつくるのはどうだろうか？

次に紹介するプログラムは、「時間の科学」と「自分自身を変えるための手法」を組み合わせて、毎日行いやすいメンタルトレーニングにしたものだ。

1　朝のメンタルトレーニング

毎朝「『超越した感覚』に入るメンタルトレーニング」（第6章参照）で1日を始めよう。そのあと、「私が今日やるべきことは何だろう？」と自問する。

この問いかけを自分自身に投げかけてわかったことにもとづいて、今日やるべき大事なことを書き出す。そして、1日のスケジュールを決めるときは、やるべき大事なことが優先されるような選択をして、それがやるべきことの実現につながると信じる。

次に、「時間とは物理的であると同時に感覚的なものでもあり、どんな出来事に対する捉え方も、それに集中することでいつでも変えられる」ことを思い出す。

2　1日を通じたメンタルトレーニング

時間を超越するための2つ目の鍵は、いまこの瞬間に向き合いつづけることだ。

1日を過ごすなかで、焦ったり、うろたえたり、時間に追われたりしたときは、やっていることをいったん止めて静かな場所に行き、「『超越した感覚』に入るメンタルトレーニング」を行って、いまこの瞬間に戻ってこよう。

それでもいまこの瞬間と向き合うのが難しいなら、過去に対する後悔が邪魔をしているのかもしれない。そんなときは「過去を反転させるメンタルトレーニング」（第8章）を行って、身動きが取れなくなる思考から自分を解き放とう。

同様に、心配や懸念、将来への不安に妨げられて、いまこの瞬間に向き合えないのなら、「将来の不安を取り除くメンタルトレーニング」と「何が真実なのか？――高度な手法」（第9章）を活用して、そうした思考から解放されよう。

3 夜のメンタルトレーニング

毎晩寝る前に、「過去を反転させるメンタルトレーニング」を行って過去から解放されよう。また、不安や恐怖の感情にとらわれている気がするなら、「将来の不安を取り除くメンタルトレーニング」と「何が真実なのか？――高度な手法」をやってみよう。

時間を超越して自分がやるべきことをするために、さらに独自のメンタルトレーニングを編み出したいときは、allthetimebook.com で紹介されているアドバイスや資料を参考にしてほしい。

4　いざというときのメンタルトレーニング

・大事な会議に遅れそうなときは、「時間を伸ばすメンタルトレーニング」（第10章）
・緊急の仕事をこなさなければならないときは、「必要なときに『道しるべ』を見つけるメンタルトレーニング」（第11章）
・ある人から連絡がほしいとき、あるいは誰かに直接連絡する時間がないときは「一瞬で伝えるメンタルトレーニング」（第12章）
・誰かや何かが無事かどうかを知りたいが、直接確認しにいく時間がないときは「いちばん大事なものを瞬時に確認するメンタルトレーニング」（第13章）
・自分にとって大事な人が助けを必要としているときは「形而上の『重力』を活用するメンタルトレーニング」（第14章）
・自分の現状に焦ってどうすればいいかわからなくなってしまい、時間が敵ではないことを急いで再確認したいときは「時間を超越するメンタルトレーニング」（第16章）

おわりに

２０１６年６月30日のことだった。当時フロリダ州で暮らしていた私は、いつもの夏の日の午後と同じように、近くの浜辺を散歩していた。ちょうど帰ろうとしていたとき、パトカーが通りから浜辺へと入ってきた。

何の事件も起きていないようだったので、何だか不思議な光景に思えた。でこぼこの砂浜を進んでいく車を眺めていたら、別の何かが目に留まった。それは一瞬の光景としかいいようがないのだが、パトカーの脇に書かれていた「police（警察）」の文字が、なぜか「peace officer（訳注：「平和を守る隊」という意味）」へと変化していったのが「見えた」のだった。

家に帰ったあと、あのとき見た光景を思い返した。

そして、パトカーの表記を「peace officer」と変えるだけで、それを見た人々が受ける印象が大きく変わるのではないかと、先ほど浜辺で一瞬見たときよりも強く思うようになった。

そもそも各地域の法律では、全国のあらゆる種類の警察に対して、「peace officer」という名称が通常使われているではないか。この呼び名こそが、全国の警察を結びつけるための基本となる名称なのだ。

この出来事は、例の2020年6月の事件（訳注：ミネアポリス反人種差別デモから始まった抗議活動）のちょうど4年前のことだ。

全国に広がったこの一連の事件で、地域社会において警察が自身の役割をどうみなしているかということと、市民が警察に何を求めているかということのあいだに隔たりがあるという問題が明るみに出た。

とはいえ、警察と地域社会の対立が深まっている状況について私たちがもっと真剣に考えていたら、たとえ4年前でも誰かがこの問題に気づいていたはずだ。

私は、警察と地域社会の住民とのあいだの不満の原因は、警察の役割に対する両者の認識の違いだと気づいた。もしかしたら、警察の警察自身に対する見方、そして市民の警察に対する見方を変えることさえできれば、全国で起きている動きの流れを変えられるのではないだろうか。

経済学を専攻した私は、理論を現実社会で実際に試すよう教えられてきたので、今回もそうしようと思った。結果はどうだっただろうか？

そう、私の考えは正しいことがわかった。警察や市民が自身の見方を変えるというこんなに簡単なことが、互いの会話を再開させ、流れを変えるのだ。

その後、私は全国レベルの非営利団体「ポリス２ピース（訳注：「警察との平和へ」という意味）」を設立した。

今日、この団体は全国の警察署と地域社会が関係を修復、改善して、ひとつにまとまるために尽力している。両者の対話のなかに「peace officer」という言葉を積極的に取り入れるのも、策のひとつだ。

ポリス２ピースの設立は、「とてつもなく時宜にかなっている」と評された。

私の家族には警察官はいないし、私自身も法執行機関での研修や弁護士業務に携わったことはない。それでも、あの目の前に現れた例の言葉を「見た」瞬間、ポリス２ピースの構想が頭に浮かんだのだ。

それ以来、私の人生は大きく変わった。刑事司法改革の推進に取り組むようになり、全国レベルの変化を起こすための運動を続けている。

この一連の取り組みについて最もよく尋ねられるのは、「これを次にやるべきだと、なぜわかったのですか？」だ。

その答えは、この本のなかにある。そして、本書で紹介した手法によって、私は自分のやるべきことがより簡単にわかって、それを実行できるようになった。

私たちの日常生活は、時間と密接にかかわっていて、時間に大きく左右されている。時間の流れがなければ、自分の人生は存在しないも同然だと、私たちは思っている。

時間は、物理的な現実における私たちの経験を定めるものだと。

だが、時間とは、「物理的なもの」であると同時に、私たちの「感覚にもとづいたもの」でもあることを、みなさんも本書を通じて知ることができたのではないだろうか。

自分の感覚に集中すれば、自身の時間の捉え方を変えることができるのだ。

そして時間の捉え方を変えられれば、時間を超越して、ついに時間を操れるようになる。

さらに時間を操ることができれば、なりたい自分になれる。

あなたに最後に問いかけたい。

あなたが「いま」やるべきことは何だろう？

巻末付録

さらなる科学的解説

本書では、取り上げた議論や理論の裏づけとして、さまざまな主張（突拍子もないと思われるものもあったかもしれないが）を行ってきた。そうした主張の根拠となる、さらなる科学的解説を次に紹介する。

波と粒子の二重性

量子物理学者が、私たちが「見て、感じて、触れる」ことができる大きな物とは異なる振る舞いをするとされる「原子よりさらに小さい粒子」を研究していることは、よく知られている。

だが、彼らが、こうした神秘的な粒子とその振る舞いを支配する法則をどのようにして発見したのかは、あまり知られていないのではないだろうか？

量子科学という発想さえまだなかった1803年、トマス・ヤングは「光には、波でなければ説明のつかない性質がある」と発表した。

それから100年以上のちに、アルベルト・アインシュタインは「特定の周波数の光は、『光子』と呼ばれる光の粒子のような『離散的なエネルギーの塊』としても存在する」ことを証明した。

アインシュタインは、この理論で1921年にノーベル賞を受賞した。

この2つの理論は光だけに成立すると考えられていたが、その後ルイ・ド・ブロイが1924年の博士論文で「電子をはじめ、物質や原子といったあらゆるものが、波と粒子の性質を併せ持つのではないか」という理論を提唱した。

ド・ブロイは、この仮説で、1929年にノーベル賞を受賞している。

これが「波と粒子の二重性」と呼ばれる、量子物理学の基礎となる理論へとつながった。これは量子論でも最も有名な概念のひとつだ。

波と粒子の二重性とは、「光や一般的な物質は、波としても粒子としても振る舞える」という考え方だ。

トマス・ヤング、アルベルト・アインシュタイン、そして彼らに続いた多くの研究者たちは、光子が併せ持つ波と粒子の性質を実証するために、同じ方法の実験を行った。

この実験は一般的に「二重スリット実験」と呼ばれている。

この実験が行われた経緯は次のとおりだ。

最初はひとつのスリットが開いたスクリーンが、光源（この光とは光子のこと）と、光子が到達した場所を記録するための感光板のあいだに設置された。

小さな光子の弾が銃から発射されるように、光源から光が打ち出された。それらの弾のような光子が次々打ち出された結果、スクリーンのひとつのスリットを通って後方の感光板に当たった光子の積み重ねによる、ぼやけた像ができた。

光子が反対側の感光板に積み重なるように当たったという事実は、光子が粒子のように振る舞っていることを示したものだ（第8章の図を参照）。

この結果だけでは、満足できなかった、昔の時代における先述した物理学の先駆者たちは、スクリーンにスリットを2つ開けたらどうなるかを実験した[1]。

先ほど説明したとおり、彼らは「固体粒子」と考えられていた光子を、1粒ずつ打ち出そうとしていた。そのため、各光子の粒は、2つのスリットの片方を通ると予想された。そして2つのスリットに合わせて、光子が積み重なった像が、感光板に2つできると考えられた。

だが、どちらの予想も外れてしまったのだ。実際には、光は何と両方のスリットを、同時に通過したようだった。そして粒子のように振る舞うのではなく、2つのスリットの向こう側の感光板に、波のような像を描いた。

具体的には、2つの異なる波が干渉しあって交わるような像ができた。

それはまるで、池のなかに2発の弾が撃たれて、それぞれの衝撃で起きた波が広がって互いに干渉しあうかのようなものだったのだ。

観察者効果

では、なぜ光子は、単スリット実験では「粒子」のように振る舞い、二重スリット実験では「波」のように振る舞ったのだろうか?

科学者たちは、より詳しく知るためにセンサーを設置して、光子が2つのスリットを通ってスクリーンの向こうの感光板に当たる過程を観察した。すると、次のことが起きた。

センサーで観察すると、各光子は「片方の」スリットを通ったかのように振る舞った。つまり、感光板には波模様は現れず、光子は当初の予想どおり、スリットの向こう側で波ではなく粒子のように見えた。

奇妙なことではあるが、光子はどちらかのスリットを通り抜けているのをセンサーで観察されているときにのみ、その振る舞いを波から粒子のものへと変化させた。また、光子は粒子か波のどちらか一方の振る舞いしか示さなかった。

つまり科学者たちは、光子が粒子と波の振る舞いを同時に行っている状況は観察できなかったのだ。しかも、この議論は光子から始まったが、先ほども触れたように、波と粒子の「二重性」は、「光子」のみに限られたものではない。「中性子」や「原子」、さらにはより大きな「分子」といった、あらゆるもので同様の実験が行われてきた[2]。

その後、科学者たちは、この光子の実験を何度も行ってきたが、そこに新たな工夫を盛り込んだ。「量子消しゴム実験」として知られるようになったこの実験では、科学者たちは光子をわざと観察しない手法を編み出した。

そうした実験のなかで、光子の不在を観察することは、光子の存在を観察するのと同じ効果があることが判明した[3]。

実際に何も観察されず、起きたのは観察がなされなかったことのみだったため、波動関数の収縮においては、観察そのものがきわめて重要な過程であることが示された。

リチャード・コン・ヘンリー教授は、総合学術誌『ネイチャー』に掲載された論文で「波動関数は、人間の頭脳が何も見ないというだけで収縮する」と論じ、次のように結論づけている。

「この宇宙は完全に精神的なものだ[4]」。

現実世界での「量子もつれ」

第3章で取り上げたとおり、ミクロな世界を支配する量子物理学の原理が、マクロな世界でも成り立つことを示せれば、「万物の理論」が完成するのではないかと、科学者たちは精力的に研究を続けている。

「一般相対性理論」と「量子力学」を統合する方法のひとつとして彼らが試みているの

は、量子もつれの概念を利用することだ。

すでに取り上げたとおり、粒子が互いにもつれると、たとえ2つのあいだに宇宙の端から端といった隔絶した距離があっても、両者は関係しているかのように振る舞う。

近年、ブルックヘブン国立研究所やストーニーブルック大学、米国エネルギー省科学エネルギーネットワーク（ESnet）は、約18キロ離れている「もつれた量子」で、この現象を示すことに成功した。

これはアメリカで行われた量子もつれの実験で、最も距離が長いものとされている。[5] さらに大規模な研究では、「量子もつれ」と宇宙の抜け道「ワームホール」は同じ現象だと考えられている。[6]

通常、物理学者は量子もつれを2つの粒子間でのみ起きる現象とみなしている。だが、近年のある論文では、「もつれた亜原子粒子」がそうした振る舞いをする理由として、2つの粒子がある種の「量子ワームホール」でつながっているからではないかと考察されている。さらには、「時空そのもの」が量子もつれによるものかもしれないとも述べられている。

ワームホールは、アインシュタインの重力方程式で表された「時空の歪み」であるため、量子力学に従う多くの粒子がもつれる可能性があることが、今日ではわかっている。
さらに、通常は宇宙物理学に特化されたワームホールと量子もつれが同じものだとすれば、それは一般相対性理論と量子力学との「強い結びつき」を示すものになるはずだ。

現実世界での「量子重ね合わせ」

万物の理論を追究するなかで、一部の研究者たちは、量子重ね合わせの概念に注目している。ほんの数年前のことだが、時間を研究している国際チームが、「時間は真に量子的なかたちで流れうる」という理論を発表した。[7]

重力が原因で、巨大な物体の存在が時間の進み方を遅くすることは、物理法則からすでに知られている。これはつまり、巨大な物体の近くに置かれた時計は、離れた位置にあるまったく同じ種類の時計よりも、針の歩みが遅くなるということだ。

この現象は、ミクロな量子の世界でも、起きる可能性があるのではないだろうか？　たとえば量子の世界において、途方もなく大きな物体に影響を受けた時計は、どのように時を刻むのだろう？

大多数の物理学者の期待に反して、従来の科学的な答えは「そんな状況はありえない」

だ。なぜなら、一般相対性理論に支配されているマクロな世界では、出来事は連続的であり、どんな原因もそれに応じた結果をもたらすという因果の法則に従うからだ。

だが、量子力学のミクロな世界では、物事は「因果の法則」によってではなく、「確率に従った結果」として起きる。

先にも取り上げたとおり、「波と粒子の二重性」や「シュレーディンガーの猫が2つの異なる状態で存在している可能性」は、「量子重ね合わせ」の状態と呼ばれている。

その重力が時間をワープできるほど「途方もなく大きな物体」が、量子重ね合わせの状態に置かれるという状況、つまり「量子物理学の原理」と「物理法則」がひとつに合わさった状況では、何が起きるのだろう？

この疑問に取り組んでいた研究者たちは、次の思考実験を思いついた。

「1号」と「2号」の2機の宇宙船が、宇宙での任務に向かっているとする。

両機は同じ時間に互いに撃ち合い、その後相手の発砲を避けるために、飛び去るよう指示されている。この時点において、両機は互いに重ね合わせの状態にいると考えられる。

つまり両機は、撃たれるか撃たれないかの可能性を、同時に持っている存在だということだ。

では、この実験に重力を導入しよう。

惑星といった途方もなく大きな物体が、2号よりも1号に近いところにあるとする。1号から眺めると、2号では時間の流れが速くなって、1号よりも時間が速く過ぎ去っているように見える（第2章で紹介したブラックホールの例を思い出してみてほしい）。

したがって、惑星からより遠い位置にいる2号は、発砲を指示された時間に1号よりも常に早く到達する。そして1号は、2号に命中させるのに間に合うよう発砲する機会を得ることは決してないので、時間の流れのなかでの「出来事の明白な順序」ができる。

つまり、「純粋な量子現象」である2機の宇宙船の重ね合わせの状態が、「純粋な物理現象」である2機の宇宙船への重力の影響と矛盾なく合わさるということは、少なくとも理論上では、この2つの「世界」が、現実世界で「共存」できることを意味している。[8]

これはあくまで思考実験であって、実際の宇宙での戦闘ではないが、かといってサイエンス・フィクションでもない。

現実世界での「意識が収縮を引き起こす」

ほかの画期的な研究のなかには、日常世界における人間の「意図の影響力」を明らかにすることで、私たちが感知できる物体に対して「意識が収縮を引き起こす」ことを示そうとしているものもある。

「非ランダムな結果が、人間の意図によるものであることが証明できるか」の研究は、量子論にもとづいた乱数発生器の出力結果を利用して、何十年にもわたって行われてきた。

こうした実験の被験者たちは、たとえばパネル上にたくさんある電球のなかのひとつをより明るく点灯させるように、念じるよう指示される。

そして、こうした電球といった何らかの信号機の2段階の明るさは、量子乱数発生器によってランダムに決められた。

もし被験者たちの「念」、つまり「思考」が乱数発生器に何の影響も及ぼさないのなら、常に電球の半数がより明るく点灯し、もう半数はそれより暗いはずだ。

だが近年のメタ分析では、あらゆる研究において、ランダムさからのわずかではあるが一様なずれが現れたのが明らかになったことで、人間の「意図的な観察」が、マクロの世界の物質に対しても、何らかの「役割」を果たしている可能性が示された。[9]

この研究分野は、「マイクロサイコキネシス（念力）」と呼ばれている。

その目的は、「意識が波動関数の収縮を引き起こす」というミクロな量子の世界でしか起こらないと考えられている現象を、マクロな世界の物理学を用いて計測することだ。

前述のような研究での論文は、発表されつづけていて[10]、こうした多くの研究を通じて、根拠となるデータが大量に集められてはいるが、それでも科学界では総じていまなお受け入れられていない。

こうした懐疑的な見方は、「マクロな世界の大きな物体の振る舞いと、ミクロな世界の小さな粒子の振る舞いの明らかな差」という、今日の物理学におけるもうひとつの最大級の問題を浮き彫りにしている。

だが、この「意識が収縮を引き起こす」という概念が、物理学者たちがまだ完全に解明できていない「念力による物質の操作」を、単に別の観点から説明したものだとしたらどうだろう？

そもそも、この概念は新しいものではない。

人間は何千年ものあいだ、体と心のつながりは現実世界で明白に示せるという可能性に魅了されてきた。こうした考えは、古代における精神世界の教えだけでなく、世界中のほぼすべての宗教や神話、哲学に、何らかのかたちで取り入れられている。

たとえば、何千年も昔の中国やインドでの精神世界の教えでは、体を治すときには、精神がきわめて重要な役割を果たすと信じられていた。

メソポタミアやエジプト、ギリシャ、ローマにくわえ、ユダヤ教といったほかの多くの文化でも、人間の精神は「現実世界の側面をつくりだす」、または「変化させる」ことができると信じられていたのだ。

こうした考えは、14~15世紀に広まったルネサンスの時代が来るまで、何世紀も続いた。その時代の主に西洋の哲学者たちは、「精神や精神現象の本質は身体的なのか、それとも非身体的なのか」を議論するようになった。

17世紀になると、そうした哲学者で最も有名なルネ・デカルトが初めて、「精神」を意識と同一のもの、そして「脳」を身体と同一のものとみなした。

これはつまり、知性の身体的な源と考えられていた脳から、精神をまさに「分離」させたということだ。

今日では、「デカルトの心身二元論」と呼ばれる「人間は本質的に、精神と身体の二元的なものである」というこの理論は、西洋文化において、現在もなお支配的な考え方でありつづけている。

とはいうもののデカルトは、賭け事の結果が、ばくち打ちの気分にいかに影響されるかについての考察も記している。[11]

その300年後、精神と物質のつながりについて、より科学的な調査が、さいころ投げを用いて行われた。[12]

以来、さいころ投げ、コイン投げ、さらには乱数発生器といった、人間が操作する無生物に対して、精神が変化を引き起こす可能性を考察する研究が、数多く行われてきた。

近年、こうした現実世界での「経験」の調査や実験とは別に行われているのが、「『意識が収縮を引き起こす』量子過程は、『念力による物質の操作』を別の観点から説明したもの」であるということを示すためのより理論的な実験だ。

ある研究では、「観察者効果とは、観察の意図がある観察者と、観察されている対象との量子もつれ」という理論が、立てられている。[13]

また、物理学者ロジャー・ペンローズによる別の研究では、「『観察』とは、量子の世界の何かについての『無意識的な知識』を、その存在自身による『意識的な経験』へと移すことである」とされている。[14]

ペンローズは、意識は「計算的」なものではない、つまり意識は「機械に代えられる」ものではないと考えている。しかも、意識は神経科学や生物学をもってしても、説明できないものだという。

そこで、ペンローズは「量子計算の理論」を用いて、瞬時の思考が合わさってひとつの量子状態で突然一緒に振る舞う「量子コヒーレンス」という現象の結果が、「意識」であると提唱している。

こうした「意識の瞬間」は、情報と記憶をともに処理、保管すると考えられている脳の「特別な配線」によって実現可能であるという。

この「意識が収縮を引き起こす」ことの証拠が集まるにつれ、次の疑問が浮かぶのは当然のことだ。


どの時点で、物理学が意識自体の存在を証明したといえるのだろう？

万物の理論の証明を目指した科学界の飽くなき追究と、これまでの進歩から考えれば、量子論が現実と合致するなかで、ますます大きな物に対する実験の成功や、理論的に可能な万物の理論の証明は、必然と思われる。

謝辞

本書の実現に協力してくださった、すべての方々に感謝の気持ちを伝えたい。とりわけ、ドン、アマンダ、スティーブ、ジャン、ダイアナ、そして出版社サウンズ・トゥルーのチームのひらめき、専門知識、芸術性に深く感謝している。

そして、さまざまなかたちで協力してくださった方々や、読者のみなさんにもお礼を伝えたい。特にマルシア、ロア、デヴォン、アニトラ、チャーリー、エレナ、アンソニー、ジュールス、テリー、ベン、ビル、リッチ、マーサ、ラナ、ハンター、スティーヴン、ゴードン、ローリー、リディア、バーバラ、ピート、メリル、クローデット、ドリュー、エヴァンジェリン、パティー、マイク、パトリック、ヴェロニカ、フィリシア、ロス、レスリー、ジョニー、デボラ、マルシー、ジャック、ドン・ミゲル、ブルース、ディーン、ロジャー、オリ、ヘンリー、ジョージ、デイヴィッド、コンスタンス、シャーロット、クリス、ニック、ケイティー、エミー、アン、ピーター、そしてローラ。あなたたちの誠実さ、思慮深さ、そして私のために多くの時間を割いてくれたことに感謝する。

マサチューセッツ工科大学（ＭＩＴ）とイェール大学出身で物理学が専門のドナルド・カーリン博士は、私が本筋から外れないよう見張ってくださった。お礼申し上げる。

どんなことだってできると励ましてくれた、アーサー、ジム、スコットにも感謝する。いつも私を支えてくれるトニー、どうもありがとう。

そして、ジェリー。いつもあなたが近くにいてくれているような気がする。

原注

第１章

1. David Deming, "Do Extraordinary Claims Require Extraordinary Evidence?" *Philosophia* 44 (2016): 1319–31.

第２章

1. Albert Einstein, "On the Electrodynamics of Moving Bodies" [English translation of original 1905 German-language paper "Zur Elektrodynamik bewegter Korper," *Annalen der Physik* 322, no. 10 (1905): 891–921], *The Principle of Relativity* (London: Methuen and Co., Ltd., 1923), fourmilab.ch/etexts/einstein/specrel/specrel.pdf.（アインシュタイン『相対性理論』1988 年、岩波書店）

2. Albert Einstein, *Relativity: The Special and General Theory: A Popular Exposition*, trans. Robert W. Lawson, 3rd ed. (London: Methuen and Co., Ltd., 1916)（アルバート・アインシュタイン『特殊および一般相対性理論について』2004 年、白揚社）; Nola Taylor Redd, "Einstein's Theory of General Relativity," Space.com, November 7, 2017, space.com/17661-theory-general-relativity.html; Gene Kimand Jessica Orwig, "There Are 2 Types of Time Travel and Physicists Agree That One of Them Is Possible," *Business Insider*, November 21, 2017, businessinsider.com/how-to-time-travel-with-wormholes-2017-11.

3. Clara Moskowitz, "The Higher You Are, the Faster You Age," LiveScience, September 23, 2010, livescience.com/8672-higher-faster-age.html.

4. 例については次を参照のこと。Valtteri Arstila and Dan Lloyd, eds., *Subjective Time: The Philosophy, Psychology, and Neuroscience of Temporality* (Cambridge, MA: MIT Press, 2014).

5. Adrian Bejan, "Why the Days Seem Shorter as We Get Older," *European Review* 27, no. 2: 187–94, doi.org/10.1017/S1062798718000741.

6. William Strauss and Neil Howe, *The Fourth Turning: What the Cycles of History Tell Us About Humanity's Next Rendezvous with Destiny* (New York: Broadway Books, 1997), 8–9.（ウィリアム・ストラウス、ニール・ハウ『フォース・ターニング　第四の節目』2017 年、ビジネス社）

7. 熱力学の第２法則とは、エネルギーが別のかたちのエネルギーに変化したとき、あるいは物質が自由に運動しているとき、閉鎖系におけるエントロピー（「無秩序さ」を表す指標）は増加するというもの。その結果、温度、圧力、密度といったものでの差は、時間とともに平衡化する傾向が高くなる。

8. 熱力学のこの研究分野は、「統計力学」とも呼ばれている。

9. Brian Greene, *Until the End of Time* (New York: Knopf, 2020), 23.（ブライアン・グリーン『時間の終わりまで　物質、生命、心と進化する宇宙』2021 年、講談社）

10. Greene, *Until the End of Time*, 35.

11. Albert Einstein and Nathan Rosen, "The Particle Problem in the General Theory of Relativity," *Physical Review* 48, no. 1 (1935): 73–77, doi.org/10.1103/physrev.48.73; "The Einstein-Rosen Bridge," Institute for Interstellar Studies, January 11, 2015, i4is.org/einstein-rosen-bridge; Kim and Orwig, "There Are 2 Types of Time Travel and Physicists Agree That One of Them Is Possible."

12. Werner Heisenberg, *Physics and Philosophy: The Revolution in Modern Science* (New York: Harper & Row, 1958); Roger Penrose, *The Road to Reality* (New York: Vintage, 2004), 523–24; Richard Feynman, *The Feynman Lectures on Physics*, Vol. III, 1-11, feynmanlectures.caltech.edu/III_01.html.（ファインマン『ファインマン物理学』（I ～ V）1986 年、岩波書店）。さらに、起きる可能性は十分高いが起きるまでには観測可能な宇宙の寿命よりも長くかかるであろう例については、グリーン『時間の終わりまで』（*Until the End of Time*, 297）の「ボルツマン脳」の例を参照のこと。

第３章

1. Natalie Wolchover, "What Is a Particle?" *Quanta Magazine*, November12, 2020, quantamagazine.org/what-is-a-particle-20201112.

2. 亜原子粒子は素粒子とも呼ばれ、物質の最小かつ最も基本的な構成要素（例－レプトン、クォーク）や、それらの複合（例－クォークで構成されたハドロン）、あるいは自然界の４つの力（重力、電磁気力、強い力、弱い力）の１つを伝達するものを指す。

3.「基本亜原子粒子」には物質のみならず「ボソン」も含まれている。ボソンとは物質に影響をもたらす各種の力に相当する粒子で、光子、弱い力のベクトルボソン、強い核力のグルーオン、重力のグラビトンなどがある。そうした力は粒子にもなれば、「波」と密接に関係している「場」（例－電磁場、重力場）にもなる。波とは、ただ単に場における変調やさざ波のような揺れのことだ。たとえば、放送用アンテナの電磁場は電磁波とも呼ばれる電磁放射線を出し、それは受信用アンテナによって受信される。

4. この「観察者効果」という用語は、量子論のみならずより広い範囲で使われている。たとえば、何かを測るとき（例－タイヤ空気圧、電圧）は、測定という観察が計測されるパラメーターに影響を及ぼす。さらに、この用語は情報理論でも用いられている。

5. J. W. N. Sullivan, "Interviews with Great Scientists," *The Observer* (London, England), January 25, 1931, 17.

6. "NIST Team Proves 'Spooky Action at a Distance' Is Really Real," National Institute of Standards and Technology (NIST), November 10, 2015, nist.gov/news-events/news/2015/11/nist-team-proves-spooky-action-distance-really-real; L. K. Shalm, E. Meyer-Scott, B. G. Christensen, P. Bierhorst, M. A. Wayne, D. R. Hamel, M. J. Stevens, et al., "A Strong Loophole-Free Test of Local Realism," *Physical Review Letters* 115, no. 25 (December 16, 2015): 250402, doi.org/10.1103/PhysRevLett.115.250402.

7. Graham Hall, "Maxwell's Electromagnetic Theory and Special Relativity," *Philosophical Transactions of the Royal Society A* 366 (2008): 1849–60, doi.org/10.1098/rsta.2007.2192.

8. "Nobel Prize for Physics, 1979," *CERN Courier* (December):395–97, cds.cern.ch/record/1730492/files/vol19-issue9-p395-e.pdf.

9.「量子の不確定性」は、私たちが亜原子粒子の速度や位置を知ることができない量子の世界での、量子の振る舞いを説明するもの。

10. Leonard Susskind, "Copenhagen vs. Everett, Teleportation, and ER=EPR," lecture, April 23, 2016, Cornell University. doi.org/10.1002/prop.201600036.

11. University of Vienna, "Quantum Gravity's Tangled Time," Phys.org, August 22, 2019, phys.org/news/2019-08-quantum-gravity-tangled.html.

12. H. Bösch, F. Steinkamp, and E. Boller, "Examining Psychokinesis: The Interaction of Human Intention with Random Number Generators — A Meta-Analysis," *Psychological Bulletin* 132 (2006):497–523, doi.org/10.1037/0033-2909.132.4.497.

13. "Picturesque Speech and Patter," *Reader's Digest* 40 (April 1942):92. Source verified by Quote Investigator, "Men Occasionally Stumble Over the Truth, But They Pick Themselves Up and Hurry Off," May 26, 2012, quoteinvestigator.com/2012/05/26/stumble-over-truth/.

14. Christopher Chabris and Daniel Simons, "The Invisible Gorilla," accessed October 28, 2015, theinvisiblegorilla.com/gorilla_experiment.html.

第4章

1. Bonnie Horrigan, "Roger Nelson, PhD: The Global Consciousness Project," *EXPLORE* 2, no. 4 (July/August 2006): 343–51, doi.org/10.1016/j.explore.2006.05.012.

2. William G. Braud, "Distant Mental Influence of Rate of Hemolysis of Human Red Blood Cells," *Journal of the American Society for Psychical Research* 84, no. 1 (January 1990).

3. William Braud, *Distant Mental Influence: Its Contributions to Science, Consciousness, Healing and Human Interactions*, illustrated edition (Charlottesville, VA: Hampton Roads Publishing, 2003).

4. Braud, *Distant Mental Influence*.

5. William F. Russell, *Second Wind: The Memoirs of an Opinionated Man* (New York: Random House, 1979), 156–157.

6. Mihaly Csikszentmihalyi, *Flow: The Psychology of Optimal Experience* (New York: HarperCollins, 2009).（M・チクセントミハイ『フロー体験　喜びの現象学』1996年、世界思想社）

7. Fred Ovsiew, "The Zeitraffer Phenomenon, Akinetopsia, and the Visual Perception of Speed of Motion: A Case Report," *Neurocase* 20, no. 3 (June 2014): 269–72, doi.org/10.1080/13554794.2013.770877.

8. R. Noyes and R. Kletti, "Depersonalization in Response to Life-Threatening Danger," *Comprehensive Psychiatry* 18 (1977): 375–84.

9. R. Noyes and R. Kletti, "The Experience of Dying from Falls," *Omega (Westport)* 3 (1972): 45–52.

10. Chess Stetson, Matthew P. Fiesta, and David M. Eagleman, "Does Time Really Slow Down during a Frightening Event?" *PLOS ONE*2, no. 12 (2007): e1295, doi.org/10.1371/journal.pone.0001295.

11. Catalin V. Buhusi and Warren H. Meck, "What Makes Us Tick? Functional and Neural Mechanisms of Interval Timing," *National Review of Neuroscience* 6, no. 10 (October 2005): 755–65, doi.org/10.1038/nrn1764; Sylvie Droit-Volet, Sophie L. Fayolle, and Sandrine Gil, "Emotion and Time Perception: Effects of Film-Induced Mood," *Frontiers in Integrative Neuroscience* 5, no. 33 (August 2011), doi.org/10.3389/fnint.2011.00033.

12. Daniel C. Dennett and Marcel Kinsbourne, "Time and the Observer: The Where and When of Consciousness in the Brain," *Behavioral and Brain Sciences* 15 (1992): 183–247, ase.tufts.edu/cogstud/dennett/papers/Time_and_the_Observer.pdf.

13. Csikszentmihalyi, *Flow*.

第5章

1. 樹状突起でつながった神経細胞からなる神経回路は、その人の習慣や振る舞いにもとづいて脳内につくられる。

2. Ned Herrmann, "What Is the Function of the Various Brainwaves?" *Scientific American*, December 22, 1997, scientificamerican.com/article/what-is-the-function-of-t-1997-12-22/.

3. 瞑想を通じて到達できる、極度の集中状態。インドのヨーガ学派では、(生前または死ぬときに) 聖なるものとの一体化に到達するサマーディは、精神の最高段階とされている。

4. Marc Kaufman, "Meditation Gives Brain a Charge, Study Finds," *The Washington Post*, January 3, 2005, washingtonpost.com/archive/politics/2005/01/03/meditation-gives-brain-a-charge-study-finds/7edabb07-a035-4b20-aebc-16f4eac43a9e/.

5. Timothy J. Buschman, Eric L. Denovellis, Cinira Diogo, Daniel Bullock, and Earl K. Miller, "Synchronous Oscillatory Neural Ensembles for Rules in the Prefrontal Cortex," *Neuron* 76, no. 4 (November 21, 2012): 838–46, doi.org/10.1016/j.neuron.2012.09.029.

6. Matthew P. A. Fisher, "Quantum Cognition: The Possibility of Processing with Nuclear Spins in the Brain," *Annals of Physics* 362 (November 2015): 593–602, doi.org/10.1016/j.aop.2015.08.020.

7. Jonathan O'Callaghan, " 'Schrodinger's Bacterium' Could Be a Quantum Biology Milestone," *Scientific American*, October 29, 2018, scientificamerican.com/article/schroedingers-bacterium-could-be-a-quantum-biology-milestone/.

第6章

1. Judson A. Brewer, Patrick D. Worhunsky, Jeremy R. Gray, Yi-Yuan Tang, Jochen Weber, and Hedy Kober, "Meditation Experience Is Associated with Differences in Default Mode Network Activity and Connectivity," *PNAS* 108, no. 50 (2011): 20254–59, doi.org/10.1073/pnas.1112029108.

2. Eileen Luders, Nicolas Cherbuin, and Florian Kurth, "Forever Young(er): Potential Age-Defying Effects of Long-Term Mediation of Gray Matter Atrophy," *Frontiers in Psychology* 5, no. 1551(2015): doi.org/10.3389/fpsyg.2014.01551.

3.「意識のハード・プロブレム」は、心と言語の哲学を研究しているオーストラリアの哲学者であり認知科学者でもあるデイヴィッド・チャーマーズが1995年に考案した造語。

4. ロジャー・ペンローズはブラックホールの形成は一般相対性理論を予測するものであるという証明で、2020年ノーベル物理学賞を共同受賞した。

5. Roger Penrose, *The Emperor's New Mind: Concerning Computers, Minds, and the Laws of Physics* (Oxford, England: Oxford Landmark Science, 2016).(ロジャー・ペンローズ『皇帝の新しい心――コンピュータ・心・物理法則』1994年、みすず書房)

6. University of Groningen, "Quantum Effects Observed in Photosynthesis," ScienceDaily, May 21, 2018, sciencedaily.com/releases/2018/05/180521131756.htm. 元の論文は次を参照のこと。Erling Thyrhaug, Roel Tempelaar, Marcelo J. P. Alcocer, Karel Žídek, David Bína, Jasper Knoester, Thomas L. C. Jansen, and Donatas Zigmantas, "Identification and Characterization of Diverse Coherences in the Fenna–Matthews–Olson Complex," *Nature Chemistry* 10 (2018): 780–86, doi.org/10.1038/s41557-018-0060-5. 次も参照のこと。Hamish G. Hiscock, Susannah Worster, Daniel R. Kattnig, Charlotte Steers, Ye Jin, David E. Manolopoulos, Henrik Mouritsen, and P. J. Hore, "The Quantum Needle of the Avian Magnetic Compass," *PNAS* 113, no. 17 (2016): 4634–39, doi.org/10.1073/pnas.1600341113.

7. このメンタルトレーニングは、次の文献を参考にしている。Gerald Epstein, *Encyclopedia of Mental Imagery: Colette Aboulker-Muscat's 2, 100 Visualization Exercises for Personal Development, Healing, and Self-Knowledge*, illustrated edition (New York: ACMI Press, 2012).

第７章

1. Victoria Hazlitt, "Jean Piaget, the Child's Conception of Physical Causality," *The Pedagogical Seminary and Journal of Genetic Psychology* 40 (September 2012): 243–249, doi.org/10.1080/08856559.1932.10534224.

2. Marie Buda, Alex Fornito, Zara M. Bergstrom, and Jon S. Simons, "A Specific Brain Structural Basis for Individual Differences in Reality Monitoring," *Journal of Neuroscience* 31, no. 40 (2011): 14308–13, doi.org/10.1523/JNEUROSCI.3595-11.2011.

3. L. Verdelle Clark, "Effect of Mental Practice on the Development of a Certain Motor Skill," *Research Quarterly of the American Association for Health, Physical Education & Recreation* 31 (1960): 560–69, psycnet.apa.org/record/1962-00248-001.

4. "Frequently Asked Questions," Program in Placebo Studies and Therapeutic Encounter (PiPS), Beth Israel Deaconess Medical Center/Harvard Medical School, programinplacebostudies.org/about/faq/.

5. このメンタルトレーニングは、作家で講演活動も行っているマーシャ・ヴィーダーの著書を参考にしている。

第８章

1. Roger E. Beaty, Paul Seli, and Daniel L. Schacter, "Thinking about the Past and Future in Daily Life: An Experience Sampling Study of Individual Differences in Mental Time Travel," *Psychological Research* 83, no. 8 (June 2019), doi.org/10.1007/s00426-018-1075-7.

2. Norman Doidge, *The Brain That Changes Itself* (New York: Penguin, 2008).（ノーマン・ドイジ『脳は奇跡を起こす』2008 年、講談社インターナショナル）

3. Zvi Carmeli and Rachel Blass, "The Case against Neuroplastic Analysis: A Further Illustration of the Irrelevance of Neuroscience to Psychoanalysis Through a Critique of Doidge's *The Brain That Changes Itself*," *International Journal of Psychoanalysis* 94 (2013):391–410, doi.org/10.1111/1745-8315.12022.

4. Victoria Follette, Kathleen M. Palm, and Adria N. Pearson, "Mindfulness and Trauma: Implications for Treatment," *Journal of Rational-Emotive and Cognitive-Behavior Therapy* 24, no. 1 (March2006): 45–61, doi.org/10.1007/s10942-006-0025-2.

5. Yoon-Ho Kim, Rong Yu, Sergei P. Kulik, Yanhua Shih, and Marlan O. Scully, "A Delayed 'Choice' Quantum Eraser," *Physical Review Letters* 84, no. 1 (2000).

6. Vincent Jacques, E. Wu, Frederic Grosshans, Francois Treussart, Philippe Grangier, Alain Aspect, and Jean-François Roch, "Experimental Realization of Wheeler's Delayed-Choice Gedanken Experiment," *Science* 315, no. 5814 (February 2007): 966–68, doi.org/10.1126/science.1136303.

7. Francesco Vedovato, Costantino Agnesi, Matteo Schiavon, Daniele Dequal, Luca Calderaro, Marco Tomasin, Davide G. Marangon, Andrea Stanco, Vincenza Luceri, Giuseppe Bianco, Giuseppe Vallone, and Paolo Villoresi, "Extending Wheeler's Delayed-Choice Experiment to Space," *Science Advances* 3, no. 10 (October 2017): e1701180, doi.org/10.1126/sciadv.1701180.

8. このメンタルトレーニングは、次の文献を参考にしている。Gerald Epstein, *Encyclopedia of Mental Imagery: Colette Aboulker-Muscat's 2, 100 Visualization Exercises for Personal Development, Healing, and Self-Knowledge*, illustrated edition (New York: ACMI Press, 2012).

第9章

1. Bambi L. DeLaRosa, Jeffrey S. Spence, Scott K. M. Shakal, Michael A. Motes, Clifford S. Calley, Virginia I. Calley, John Hart Jr., and Michael A. Kraut, "Electrophysiological Spatiotemporal Dynamics During Implicit Visual Threat Processing," *Brain and Cognition* 91 (November 2014): 54–61, doi.org/10.1016/j.bandc.2014.08.003.

2. Charles Eisenstein, *The More Beautiful World Our Hearts Know Is Possible* (Berkeley, CA: North Atlantic Books, 2013), 244–47.

第10章

1. Carlo Rovelli, *The Order of Time* (New York: Riverhead Books, 2018).（カルロ・ロヴェッリ『時間は存在しない』2019年、NHK出版）

2. この主張は、「宇宙は過去、現在、未来において起きたすべてのことからなる巨大なブロックであり、それらの出来事は同時に存在し、しかもどれも同じくらい現実のものである」という哲学理論「ブロック宇宙論」も示唆している。

第11章

1. Vivien Cumming, "The Other Person That Discovered Evolution, Besides Darwin," BBC online, November 7, 2016, bbc.com/earth/story/20161104-the-other-person-that-discovered-evolution-besides-darwin.

2. John B. West, "Carl Wilhelm Scheele, the Discoverer of Oxygen, and a Very Productive Chemist," *American Journal of Physiology: Lung Cellular and Molecular Physiology* 307, no. 11 (December 2014): L811–6, doi.org/10.1152/ajplung.00223.2014.

3. Stanley I. Sandler and Leslie V. Woodcock, "Historical Observations on Laws of Thermodynamics," *Journal of Chemical & Engineering Data* 55 (2010): 4485–90, doi.org/10.1021/je1006828.

4. "Georges Lemaître, Father of the Big Bang," American Museum of Natural History, amnh.org/learn-teach/curriculum-collections/cosmic-horizons-book/georges-lemaitre-big-bang. Excerpted from *Cosmic Horizons: Astronomy at the Cutting Edge*, Steven Soter and Neil deGrasse Tyson, eds. (New York: New Press, 2000).

5. *Proceedings of the American Academy of Arts and Sciences* 74, No. 6 (November 1940): 143–46.

6. Scott Camazine, Jena-Louis Deneubourg, Nigel R. Franks, James Sneyd, Guy Theraula, and Eric Bonabeau, *Self-Organization in Biological Systems* (Princeton, NJ: Princeton University Press, 2001), 7–14.

7. 物理学において、「還元」とは単純化するために世界を基本的な要素に分けることで、一方「創発」とは複雑さのなかに単純な法則を見出すこと。

8. Rupert Sheldrake, *A New Science of Life: The Hypothesis of Morphic Resonance* (Rochester, VT: Park Street Press, 1995).（ルパート・シェルドレイク『生命のニューサイエンス——形態形成場と行動の進化』1986年、工作舎）

9. Peter D. Bruza, Zheng Wang, and Jerome R. Busemeyer, "Quantum Cognition: A New Theoretical Approach to Psychology," *Trends in Cognitive Science* 19, no. 7 (July 2015): 383–93, doi.org/10.1016/j.tics.2015.05.001.

10. Filippo Caruso, "What Is Quantum Biology?" Lindau Nobel Laureate Meetings, June 15,

2016, lindau-nobel.org/what-is-quantum-biology/.

11. Matthew P. A. Fisher, "Quantum Cognition: The Possibility of Processing with Nuclear Spins in the Brain," *Annals of Physics* 362 (November 2015): 593–602, doi.org/10.1016/j.aop.2015.08.020.

12. David H. Freedman, "Quantum Consciousness," *Discover*, June 1,1994, discovermagazine.com /mind/quantum-consciousness.

13. Berit Brogaard, "How Much Brain Tissue Do You Need to Function Normally?" *Psychology Today*, September 2, 2015, psychologytoday.com/us/blog/the-superhuman-mind/201509/how-much-brain-tissue-do-you-need-function-normally.

14. このメンタルトレーニングは、次の文献を参考にしている。Gerald Epstein, *Encyclopedia of Mental Imagery: Colette Aboulker-Muscat's 2, 100 Visualization Exercises for Personal Development, Healing, and Self-Knowledge*, illustrated edition (New York: ACMI Press, 2012).

第12章

1. Carles Grau, Romuald Ginhoux, Alejandro Riera, Thanh Lam Nguyen, Hubert Chauvat, Michel Berg, Julià L. Amengual, Alvaro Pascual-Leone, Giulio Ruffini, "Conscious Brain-to-Brain Communication in Humans Using Non-Invasive Technologies," *PLOS ONE* 9, no. 8 (August 19, 2014), doi.org/10.1371/journal.pone.0105225.

2. Ganesan Venkatasubramanian, Peruvumba N. Jayakumar, Hongasandra R. Nagendra, Dindagur Nagaraja, R. Deeptha, and Bangalore N. Gangadhar, "Investigating Paranormal Phenomena: Functional Brain Imaging of Telepathy," *International Journal of Yoga* 1, no. 2 (Jul–Dec. 2008): 66–71, ncbi.nlm.nih.gov/pmc/articles/PMC3144613/.

3. Doree Armstrong and Michelle Ma, "Researcher Controls Colleague's Motions in 1st Human Brain-to-Brain Interface," UW News, University of Washington, August 27, 2013, washington.edu/news/2013/08/27/researcher-controls-colleagues-motions-in-1st-human-brain-to-brain-interface/.

4. Peter Tompkins and Christopher Bird, *The Secret Life of Plants* (New York: Harper & Row, 1973).（ピーター・トムプキンズ、クリストファー・バード『植物の神秘生活――緑の賢者たちの新しい博物誌』1987 年、工作舎）。次も参照のこと。Tristan Wang, "The Secret Life of Plants: Understanding Plant Sentience" [book review], *Harvard Science Review* (Fall 2013): harvardsciencereview.files.wordpress.com/2014/01/hsr-fall-2013-final.pdf.

5. C. Marletto, D. M. Coles, T. Farrow, and V. Vedral, "Entanglement between Living Bacteria and Quantized Light Witnessed by Rabi Splitting," *Journal of Physics Communication* 2, no. 10 (2018), doi.org/10.1088/2399-6528/aae224.

6. この「ベルの実験」とは、２つの光子の性質同士の相関関係を計測する実験を指す。光子の測定は、こうした相関関係が既存条件や光速以下の速さでの情報交換といった、物理的な過程では明らかに説明できないようなタイミングで行われる。これらの相関関係の統計的検査の結果は、量子力学がはたらいていることを示すために利用される。この現象は、光子のみならずほかのどんな２つのもつれた粒子についても当てはまる。

7. Anil Ananthaswamy, "A Classic Quantum Test Could Reveal the Limits of the Human Mind," *NewScientist*, May 19, 2017, newscientist.com/article/2131874-a-classic-quantum-test-could-reveal-the-limits-of-the-human-mind/.

8. Peter G. Enticott, Hayley A. Kennedy, Nicole J. Rinehart, Bruce J. Tonge, John L. Bradshaw, John R. Taffe, Zafiris J. Daskalakis, and Paul B. Fitzgerald, "Mirror Neuron

Activity Associated with Social Impairments but Not Age in Autism Spectrum Disorder," *Biological Psychiatry* 71, no. 5 (March 2012): 427–33, doi.org/10.1016/j.biopsych.2011.09.001.

9. Venkatasubramanian, et al., "Investigating Paranormal Phenomena: Functional Brain Imaging of Telepathy," 66–71.

第 13 章

1. Russell Targ and Harold Puthoff, "Remote Viewing of Natural Targets," Stanford Research Institute, to be presented at the Conference on Quantum Physics and Parapsychology, Geneva, Switzerland, August 26–27, 1974, cia.gov/readingroom/document/cia-rdp96-00787r000500410001-3.

2. Jim Schnabel, Remote Viewers: *The Secret History of America's Psychic Spies* (New York: Dell Publishing, 1997), 27.（ジム・シュナーベル『サイキック・スパイ――米軍遠隔透視部隊極秘計画』1998 年、扶桑社）

3. Schnabel, *Remote Viewers*, 310.

4. Gabriel Popkin, "China's Quantum Satellite Achieves 'Spooky Action' at Record Distance," *Science*, June 15, 2017, sciencemag.org/news/2017/06/china-s-quantum-satellite-achieves-spooky-action-record-distance.

第 14 章

1. Jeff Wise, "When Fear Makes Us Superhuman," *Scientific American*, December 28, 2009, scientificamerican.com/article/extreme-fear-superhuman/. Excerpted from Jeff Wise, *Extreme Fear: The Science of Your Mind in Danger* (New York: Palgrave Macmillan, 2009).（ジェフ・ワイズ『奇跡の生還を科学する　恐怖に負けない脳とこころ』2010 年、青土社）

2. Wise, "When Fear Makes Us Superhuman."

3. Meb Keflezighi with Scott Douglas, *26 Marathons: What I Learned about Faith, Identity, Running, and Life from My Marathon Career* (New York: Rodale, 2019).

4. Stephen E. Humphrey, Jennifer D. Nahrgang, and Frederick P. Morgeson, "Integrating Motivation, Social, and Contextual Work Design Features: A Meta-Analytic Summary and Theoretical Extension of the Work Design Literature," *Journal of Applied Psychology* 92, no. 5 (2007): 1332–56, doi.org/10.1037/0021-9010.92.5.1332.

5. Gary Zukav, "Love and Gravity," *HuffPost*, June 27, 2012, huffpost.com/entry/love_b_1457566.

6. Peter D. Bruza, Zheng Wang, and Jerome R. Busemeyer, "Quantum Cognition: A New Theoretical Approach to Psychology," *Trends in Cognitive Science* 19, no. 7 (July 2015): 383–93, doi.org/10.1016/j.tics.2015.05.001

7. Sougato Bose, Anupam Mazumdar, Gavin W. Morley, Hendrik Ulbricht, Marko Toroš, Mauro Paternostro, Andrew A. Geraci, Peter F. Barker, M. S. Kim, and Gerard Milburn, "A Spin Entanglement Witness for Quantum Gravity," *Physical Review Letters* 119, no. 24 (2017): 240401, doi.org/10.1103/PhysRevLett.119.240401.

8. Marcelo Gleiser, *The Simple Beauty of the Unexpected: A Natural Philosopher's Quest for Trout and the Meaning of Everything* (Lebanon, NH: ForeEdge, 2016).

9. このメンタルトレーニングは、ドランヴァロ・メルキゼデクの手法を参考にしている。

第 15 章

1. Stephan Schwartz, "Crossing the Threshold: Nonlocal Consciousness and the Burden of Proof," *EXPLORE: The Journal of Science and Healing* 9, no. 2: 77–81, pubmed.ncbi.nlm.nih.gov/23452708/.

2. Stuart Youngner and Insoo Hyun, "Pig Experiment Challenges Assumptions around Brain Damage in People," *Nature*, April 17, 2019, nature.com/articles/d41586-019-01169-8.

3. Andra M. Smith and Claude Messier, "Voluntary Out-of-Body Experience: An fMRI Study," *Frontiers in Human Neuroscience* 8 (February 2014), doi.org/10.3389/fnhum.2014.00070.

4. University College London, "First Out-of-Body Experience Induced in Laboratory Setting," Science News, *ScienceDaily*, August 24, 2007, sciencedaily.com/releases/2007/08/070823141057.htm. H. Henrik Ehrsson, "The Experimental Induction of Out-of-Body Experiences," *Science* 317, no. 5841 (2007): 1048, doi.org/10.1126/science.1142175.

5. Christopher French, "Near-Death Experiences in Cardiac Arrest Survivors," *Progress in Brain Research* 150 (2005): 351–67, doi.org/10.1016/S0079-6123(05)50025-6.

6. Larry Dossey, "Spirituality and Nonlocal Mind: A Necessary Dyad," *Spirituality in Clinical Practice* 1, no. 1 (2014) 29–42, doi.org/10.1037/scp0000001.

7. William Buhlman, "The Life-Changing Benefits Reported from Out-of-Body Experiences," The Monroe Institute, monroeinstitute.org/blogs/blog/the-life-changing-benefits-reported-from-out-of-body-experiences, accessed February 20, 2021.

8. Stephen LaBerge, Kristen LaMarca, and Benjamin Baird, "Pre-Sleep Treatment with Galantamine Stimulates Lucid Dreaming: A Double-Blind, Placebo-Controlled, Crossover Study," *PLOS ONE* 13, no. 8 (2018): e0201246, doi.org/10.1371/journal.pone.0201246.

第 16 章

1. Jim B. Tucker, *Return to Life: Extraordinary Cases of Children Who Remember Past Lives* (New York: St. Martin's Press, 2013), 1–12.（ジム・B・タッカー『リターン・トゥ・ライフ――前世を記憶する子供たちの驚くべき事例』2018 年、ナチュラルスピリット）

2. Robert Lawrence Kuhn, "Forget Space-Time: Information May Create the Cosmos," Space.com, May 23, 2015, space.com/29477-did-information-create-the-cosmos.html.

3. Roger Penrose and Stuart Hameroff, "Consciousness in the Universe: Neuroscience, Quantum Space-Time Geometry and Orch OR Theory," *Journal of Cosmology* 14 (2011): 1–17, journalofcosmology.com/Consciousness160.html.

4. Jharana Rani Samal, Arun K. Pati, and Anil Kumar, "Experimental Test of the Quantum No-Hiding Theorem," *Physical Review Letters* 106, no. 8 (2011): 080401, doi.org/10.1103/PhysRevLett.106.080401.

5. Erwin Schrödinger, *What Is Life?* (Cambridge, UK: Cambridge University Press, 1967, first edition 1944). Based on lectures delivered under the auspices of the Dublin Institute for Advanced Studies at Trinity College, Dublin, February 1943.（シュレーディンガー『生命とは何か　物理的にみた生細胞』2008 年、岩波書店）

巻末付録

1. 先ほども述べたとおり、1803年に光を用いてこうした実験を初めて行ったのはトマス・ヤングで、これは古典物理学の枠組みで行われたもの。その後、1927年にクリントン・デイヴィソンとレスター・ガーマーが量子粒子である電子を用いて、二重スリット実験を量子の世界へと拡張した。

2. Markus Arndt, Olaf Nairz, Julian Vos-Andreae, Claudia Keller, Gerbrandvan der Zouw, and Anton Zeilinger, "Wave-Particle Duality of C60 Molecules," *Nature* 401 (1999): 680–82, doi.org/10.1038/44348.

3. Brian Greene, *The Fabric of the Cosmos* (New York: Vintage, 2005): 197–204.(ブライアン・グリーン『宇宙を織りなすもの　時間と空間の正体』(上下) 2016年、草思社)。次も参照のこと。Marlan Scully and Kai Druhl, "Quantum Eraser: A Proposed Photon Correlation Experiment Concerning Observation and 'Delayed Choice' in Quantum Mechanics," *Physical Review A* 25 (April 1, 1982): 2208.

4. Richard Conn Henry, "The Mental Universe," *Nature* (July 6, 2005): doi.org/10.1038/436029a.

5. Brookhaven National Laboratory, "Research Team Expands Quantum Network with Successful Long-Distance Entanglement Experiment," Phys.org, April 8, 2019, phys.org/news/2019-04-team-quantum-network-successful-long-distance.html.

6. Leonard Susskind, "Copenhagen vs. Everett, Teleportation, and ER=EPR," lecture, April 23, 2016, Cornell University, doi.org/10.1002/prop.201600036.

7. University of Vienna, "Quantum Gravity's Tangled Time," Phys.org, August 22, 2019, phys.org/news/2019-08-quantum-gravity-tangled.html.

8. University of Vienna, "Quantum Gravity's Tangled Time."

9. H. Bösch, F. Steinkamp, E. Boller, "Examining Psychokinesis: The Interaction of Human Intention with Random Number Generators—A Meta-Analysis," *Psychological Bulletin* 132 (2006): 497–523, doi.org/10.1037/0033-2909.132.4.497.

10. D. I. Radin and R. D. Nelson, "Evidence for Consciousness-Related Anomalies in Random Physical Systems," *Foundations of Physics* 19 (1989): 1499–514, doi.org/10.1007/BF00732509.

11. D. Davidenko, *Ich denke, also Bin Ich: Descartes Ausschweifendes Leben[English: I Am Thinking, Therefore I Am: Descartes's Excessive Life*] (Frankfurt: Eichborn, 1990).(ディミトリ・ダヴィデンコ『快傑デカルト――哲学風雲録』1992年、工作舎)

12. J. B. Rhine, " 'Mind over Matter' or the PK Effect," *Journal of American Society for Psychical Research* 38 (1944): 185–201.

13. W. von Lucadou and H. Romer, "Synchronistic Phenomena as Entanglement Correlations in Generalized Quantum Theory," *Journal of Consciousness Studies* 14 (2007): 50–74.

14. Roger Penrose and Stuart Hameroff, "Consciousness in the Universe: Neuroscience, Quantum Space-Time Geometry, and Orch OR Theory," *Journal of Cosmology* 14 (2011): 1–17, journalofcosmology.com/Consciousness160.html.

【著者紹介】

リサ・ブローデリック（Lisa Broderick）

◉—— スタンフォード大学卒業後、デューク大学でMBAを取得。最新科学をわかりやすく解説し、数多くのクライアントの人生を変えてきた。マーシャル・ゴールドスミスをはじめとする一流の専門家、GEキャピタルなどの一流企業がクライアントに名を連ねる。科学とスピリチュアル、自らの個人的な体験を融合させた独自のスタイルによる指導を行う。

◉—— ビジネス・金融コンサルタントとしてキャリアをスタート。ABCニュースにビジネスレポーターとしてレギュラー出演。自分の知識と能力があまりにも速いペースで向上することに興味を持ち、モンロー研究所で意識の拡大について学ぶ。その後、著名な著作家であるジェラルド・エプスタイン医師のもと、15年にわたって米国メンタルイメージング研究所で心的イメージと夢の分析を学んだ。長年にわたる学習とメンタルトレーニングの成果を体系的にまとめ、時間を遅らせるなどの「超正常能力」を一般の人たちに指導する活動をしている。

◉—— 国際ロータリー、国境なき調停者、国際連合協会、平和づくり同盟、ウーマン・イン・テクノロジーの会員でもあり、「トラウマインフォームドケア教育課程のための信頼関係基金」や動物救済基金でボランティア役員も務めている。

【訳者紹介】

尼丁千津子（あまちょう・ちづこ）

◉—— 英語翻訳者。神戸大学理学部数学科卒業。訳書は『移動力と接続性（上・下)』(原書房)、『教養としてのデジタル講義』『パワー・オブ・クリエイティビティ』（いずれも日経BP)、『「ユーザーフレンドリー」全史』（双葉社)、『10代脳の鍛え方』（晶文社）など多数。

限《かぎ》られた時間《じかん》を超《こ》える方法《ほうほう》

2023年 1 月 5 日　　第 1 刷発行
2023年 1 月17日　　第 2 刷発行

著　者——リサ・ブローデリック
訳　者——尼丁　千津子
発行者——齊藤　龍男
発行所——株式会社かんき出版
東京都千代田区麹町4-1-4 西脇ビル　〒102-0083
電話　営業部：03(3262)8011㈹　編集部：03(3262)8012㈹
FAX　03(3234)4421　　振替　00100-2-62304
https://kanki-pub.co.jp/

印刷所——ベクトル印刷株式会社

 ISBN978-4-7612-7647-8 C0030